工业和信息化**精品**系列教材

信息技术基础

微课版

孟敬◎主编

人民邮电出版社

北京

图书在版编目（CIP）数据

信息技术基础：微课版 / 孟敬主编. -- 北京 ：人民邮电出版社，2023.9
工业和信息化精品系列教材
ISBN 978-7-115-62286-0

Ⅰ．①信… Ⅱ．①孟… Ⅲ．①电子计算机－高等职业教育－教材 Ⅳ．①TP3

中国国家版本馆CIP数据核字(2023)第126461号

内 容 提 要

本书依据《高等职业教育专科信息技术课程标准（2021 年版）》编写，依照工作手册式教材的要求重组课程内容，力求将教、学、做、练、评融为一体。

全书分为 6 个模块，主要包括信息素养与社会责任、Windows 10 操作系统与信息检索、文档处理、电子表格处理、演示文稿制作、新一代信息技术等内容。

本书可作为高职高专院校信息技术基础课程的教材，也可作为全国计算机等级考试、全国高等学校计算机水平考试的参考用书，还适合作为有关人员提升信息技术水平的自学参考书。

◆ 主　编　孟　敬
　　责任编辑　马　媛
　　责任印制　王　郁　焦志炜
◆ 人民邮电出版社出版发行　　北京市丰台区成寿寺路 11 号
　　邮编　100164　电子邮件　315@ptpress.com.cn
　　网址　https://www.ptpress.com.cn
　　北京市艺辉印刷有限公司印刷
◆ 开本：787×1092　1/16
　　印张：13.75　　　　　　　　　2023 年 9 月第 1 版
　　字数：324 千字　　　　　　　2024 年 8 月北京第 3 次印刷

定价：52.00 元

读者服务热线：(010)81055256　印装质量热线：(010)81055316
反盗版热线：(010)81055315
广告经营许可证：京东市监广登字 20170147 号

前言

高等职业教育专科"信息技术"课程是各专业学生必修或限定选修的公共基础课程。学生通过学习本课程，能够增强信息意识、提升计算思维、提高数字化创新与发展的能力、树立正确的信息社会价值观和责任感，为职业发展、终身学习和服务社会奠定基础。

《高等职业教育专科信息技术课程标准（2021 年版）》规定信息技术课程由基础模块和拓展模块两部分构成。本书内容为信息技术基础模块，包含信息素养与社会责任、Windows 10 操作系统与信息检索、文档处理、电子表格处理、演示文稿制作、新一代信息技术 6 部分。

本书主要特点如下。

（1）全面贯彻。本书严格遵照教育部发布的《高等职业教育专科信息技术课程标准（2021 年版）》进行编写。

（2）精选案例。本书依照工作手册式教材的要求重组内容，展现典型任务的工作过程，按照任务描述（做什么）→任务分解（怎么准备）→示例演示（怎么教）→任务实现（如何做）→能力拓展（如何做得更好）→任务考评（做得怎么样）的流程设计和编排，将教、学、做、练、评融为一体。

（3）融合拓展。本书将专业精神、职业精神和工匠精神等融入教材，帮助学生提升职业素养、积累专业技术。

（4）配套资源。学生可通过扫描嵌入书中各模块内的二维码，观看视频进行学习。同时，本书还配有线上课程，便于教师开展线上线下混合式教学。

信息技术基础课程的建议学时为 48 学时。基础模块的具体学时建议如下表所示，教师也可根据各地区、各学校有关要求，结合实际情况自主确定。

信息技术基础模块	建议学时	
	理实一体	线上教学
模块 1　信息素养与社会责任	4	2
模块 2　Windows 10 操作系统与信息检索	6	2
模块 3　文档处理	8	2
模块 4　电子表格处理	8	2
模块 5　演示文稿制作	6	2
模块 6　新一代信息技术	4	2
合计：48 学时	36	12

由于编者水平和经验有限，书中难免存在不妥和疏漏之处，敬请广大读者提出宝贵意见和建议，以便再版时修订和完善。编者联系方式：menjin@163.com。

编者

2023 年 1 月

目录

模块 3

模块 4

模块 5

演示文稿制作 ·········· 166

模块 6

新一代信息技术·········· 193

模块1
信息素养与社会责任

学习导读

　　信息技术（Information Technology，IT）是管理和处理信息所采用的各种技术的总称，它主要应用计算机科学和通信技术来设计、开发、安装信息系统及应用软件。

　　信息社会要求高校学生必须具有信息意识、计算思维、数字化创新与发展、信息社会责任 4 个方面的信息素养。信息社会也要求学生在文化修养、道德规范和行为自律等方面尽相应的社会责任。

学习目标

- 知识目标：了解信息技术的发展史、了解信息素养的定义及内涵、掌握计算思维的定义与应用、了解信息安全与国产化替代。

- 能力目标：掌握进制的定义及数据编码、掌握不同进制之间的转换方法、具备较强的信息安全意识与防护能力、关注信息技术创新所带来的社会问题。

- 素质目标：提升信息技术的学科素养、包括信息意识、计算思维、数字化创新与发展、信息社会责任等。树立正确的信息社会价值观和责任感。

相关知识

1.1 信息素养

模块 1　信息素养
与社会责任

　　信息是指音信、消息、通信系统传输和处理的对象，泛指人类社会中传播的一切内容。人通过获得、识别自然界和社会中的不同信息来区分不同的事物，从而认识和改造世界。在一切通信和控制系统中，信息是一种普遍联系的形式。

1.1.1 信息素养概述

　　信息社会是以电子信息技术为基础，以信息资源为基本发展资源，以信息服务性产业为基本社会产业，以数字化和网络化为基本社会交往方式的新型社会。具备信息素养是信息社会对人们的基本要求。

1. 信息素养的定义

信息素养（Information Literacy）是指人们自觉获取、处理、传播、认识和利用信息的综合行为能力，是人们适应信息社会的要求、寻求生存和发展空间的基本保障能力。信息素养的基础是收集、获取信息的能力，信息素养的核心是加工、利用信息的能力。信息素养作为人们终身学习和创新的基础技能，受到世界各地教育界、信息产业界乃至社会各界的关注。

2. 信息素养的发展史

信息素养一词最早出现于 1974 年，美国信息技术产业协会主席保罗·泽考斯基（Paul Zurkowski）在向美国图书馆与情报科学委员会提交的一份报告中明确提出了信息素养的概念，并将其定义为"利用大量的信息工具及主要信息源使问题得到解答的技能"。

1989 年，美国图书馆协会在《关于信息素养的总结报告》中，将信息素养定义为针对信息的 4 种能力：确认、评估、查询、使用。此外，还指出具备较高信息素养的人，是有能力觉察信息需求并且有能力检索、评价以及高效利用所需信息的人，是知道如何学习的人。他们知道如何学习的原因在于他们掌握了知识组织机理，知道如何发现信息以及利用信息。他们有能力成为终身学习的人，是有能力为所有的任务与决策提供信息支持的人。

1998 年，美国图书馆协会和教育传播与技术协会在《信息能力·创建学习的伙伴》一书中提出，具有信息素养的学生必须具有的能力包括能够有效、高效地获取信息，能够熟练、批判性地评价信息，能够精确、创造性地使用信息。书中还制定了信息素养、独立学习、社会责任 3 个方面的九大信息素养标准。

3. 信息素养能力的标准

2000 年 1 月 18 日，美国大学与研究图书馆协会在得克萨斯州的圣安东尼奥召开会议，会上审议并通过了《高等教育信息素养能力标准》（Information Literacy Competency Standards For Higher Education），指出信息素养是个人能认识到何时需要信息和有效地搜索、评估及使用所需信息的能力。

《高等教育信息素养能力标准》包括 5 个标准，具体表述如下。

- 有信息素养的学生有能力决定所需信息的性质和范围。
- 有信息素养的学生可以有效地获得需要的信息。
- 有信息素养的学生可以评估信息和它的出处，然后把挑选出的信息加入他们的知识库和价值体系中。
- 有信息素养的学生能够有效地利用信息来实现特定的目的。
- 有信息素养的学生熟悉许多与信息使用有关的经济、法律和社会问题，并能合理合法地获取信息。

目前，《高等教育信息素养能力标准》已在美国、墨西哥、澳大利亚、欧洲、南非等国家和地区得到广泛应用。

1.1.2 信息素养的内涵

信息素养是一种个人能力素养，同时又是一种个人基本素养，信息素养的内涵结构如图 1-1 所示。

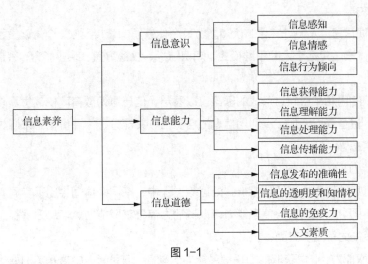

图 1-1

信息素养由信息意识、信息能力、信息道德 3 个方面的内容构成。信息素养是一个不可分割的整体，其中，信息意识是先导，信息能力是核心，信息道德是保证。其具体表现为对信息源内容的了解程度，通过信息解决问题的基本意愿，对信息获取方法的掌握程度，知道在何时、通过何种信息源解决相关问题，具备评价和分析信息的能力，具有良好的信息道德和合理合法地利用信息的意识等。

（1）信息意识

信息意识是人们对信息的感知和需求的主观反映，包括信息感知、信息情感、信息行为倾向 3 个方面。

- 信息感知是人们对信息、信息环境和信息活动的了解，以及对信息知识的掌握和评价。
- 信息情感是指人们在社会实践和信息活动中对信息形成的内心体验。
- 信息行为倾向是指人们在信息行为中表现出来的行为趋势，是信息行为的心理准备状态，是驱使人们采取信息行为的动力。

信息意识表现为对信息的感知能力，并直接影响到信息主体的信息行为与行为效果。信息意识强的人，必然高度重视信息的获取与利用，善于随时从浩如烟海的信息中找到对自己有用的信息，因而往往能够占得先机，获得优势；信息意识弱的人，通常会忽视信息的获取与利用，常与成功的机会擦肩而过，从而陷入被动。同时信息意识还表现为对信息的持久注意力、对信息价值的判断力和洞察力。信息意识强的人能在错综复杂、混乱无序的众多信息中去粗取精、去伪存真，识别、选择、利用正确的信息。

影响信息意识形成的因素包括以下 3 个方面。

- 社会因素。社会因素是影响信息意识形成的主要因素之一。社会环境尤其是文化环境，包括思想意识形态、民族心理、行为方式等，对个体信息意识的形成和发展影响巨大。
- 心理因素。信息意识是人的一种主观意识，是人对信息需求的内心愿望的反映。信息意识通常表现为信息需求者对信息的敏锐感受力、对信息的持久注意力、对信息的价值判断力和洞察力等。
- 个体素质因素。人们对信息的认知能力是个体素质的直接反映。个体素质是信息素质的基础，个体素质包括个人的思维模式、知识结构、教育背景、职业能力、兴趣爱好、生活方式等。

从信息意识的内涵和影响其形成的因素可以看出，信息意识教育可使信息需求者具备对信息的敏锐观察力，具备获取、加工、利用信息的自觉性，并能分析、评价信息来源，认识信息的价值，正确对待信息等。

（2）信息能力

在人们对信息的接受、理解、分析、处理等过程中，不同个体间会出现差异，这是因为每个人的信息能力不同。一般而言，信息能力可以概括为信息获取能力、信息理解能力、信息处理能力以及信息传播能力等几个方面。

- 信息获取能力。信息获取能力是信息能力的基础。信息素养中最基本的要求就是具备信息获取能力。信息获取能力包括对信息资源库中的内容的认知程度、正确使用检索平台、分析处理检索结果等。
- 信息理解能力。信息理解能力通常是指信息识别与认识能力，以及对信息的评价、判断能力。信息识别与认识能力就是能够正确地识别与理解所掌握的信息的含义，知道它们反映了什么现象与客观规律。对信息的评价与判断能力就是能正确地判断与估计所掌握的信息的价值，并有对得到的信息进行统计分析的能力，从而对信息的意义与可靠性产生整体性认识。
- 信息处理能力。通常，人们所获取的信息都是他人的研究成果或者是没有经过加工、分析的数据。信息处理能力就是能够分析、加工已获取的信息，并将其转换为能为己所用的信息的能力。
- 信息传播能力。信息传播能力是利用各种信息传播工具与手段开展信息传输、扩散活动的能力。在信息传播活动中，要注意遵守与知识产权保护相关的法律法规，保护知识产权人的合法权益。

（3）信息道德

信息道德指的是与信息社会生活相适应的信息伦理道德和法律观念，主要包括以下4个方面。

- 信息发布的准确性。要求任何组织或个人不得发布虚假信息。互联网是一个宽松的、需要自律和自控的信息网络环境。由于目前相关部门对互联网上信息发布的监控力度相对较弱，所以其中的信息良莠不齐，质量不一。怎样才能阻止虚假信息的发布和传播已成为全社会关心的问题。
- 信息的透明度和知情权。透明度和知情权联系密切。透明度低，知情权就小；反之，知情权就大。信息的透明度是文明社会的政府或其他社会团体与组织所应该具备的基本素质，而公民对诸多国家事务都具备知情权。相关部门应当努力提高信息的透明度，而公民也应当意识到知情权是自己的一项基本权利。

- 信息的免疫力。信息的免疫力指的是通过自律、自控、自我调节，抵御和消除垃圾信息、有害信息的干扰和侵蚀的能力。当前互联网上，各种色情、暴力、欺诈信息泛滥，互联网的法律问题已经成为信息产业界、法律界、教育界等社会各界特别关注的问题。

- 人文素质。人文素质是公民素质的一个方面，包括一个人的文化修养、文明礼仪、自我约束、公共道德等。人文素质对于需要自律、自控的互联网来说，显得尤为重要。缺少必要的人文素质，互联网就会变得不健康，甚至变得危险。

1.1.3　信息社会责任

在信息社会中，虚拟空间与现实空间并存，人们在虚拟实践、交往的基础上，发展出了新型的社会经济形态、生活方式以及行为关系。信息社会责任是指信息社会中的个体在文化修养、道德规范和行为自律等方面应尽的责任。

1．遵守信息相关法律，维持信息社会秩序

法律是最重要的行为规范系统，信息相关法律凭借国家强制力，对信息行为起强制性调控作用，进而维持信息社会秩序，具体包括规范信息行为、保护信息权利、调整信息关系、稳定信息秩序。

2017 年 6 月，我国开始实施的《中华人民共和国网络安全法》是为了保障网络安全，维护网络空间主权、国家安全和社会公共利益，保护公民、法人和其他组织的合法权益，促进经济社会信息化健康发展而制定的法律。其中的第十二条明文规定：任何个人和组织使用网络应当遵守宪法法律，遵守公共秩序，尊重社会公德，不得危害网络安全，不得利用网络从事危害国家安全、荣誉和利益，煽动颠覆国家政权、推翻社会主义制度，煽动分裂国家、破坏国家统一，宣扬恐怖主义、极端主义，宣扬民族仇恨、民族歧视，传播暴力、淫秽色情信息，编造、传播虚假信息扰乱经济秩序和社会秩序，以及侵害他人名誉、隐私、知识产权和其他合法权益等活动。

2．尊重信息相关道德伦理，恪守信息社会行为规范

20 世纪 70 年代以来，一直存在关于信息伦理和信息素养的讨论，不过早期的讨论主要围绕信息从业人员展开，将其视作信息从业人员的一种职业伦理和素养。进入 21 世纪以来，信息科技的日益普及显著地推动了经济社会各领域的深入发展，同时也切实改变了人们生活和社会交往的方式，现实世界与虚拟世界交融和并存的新时代逐渐成形。

虽然法律是社会发展不可缺少的强制手段，但是法律能够规范的信息活动范围有限，且对于高速发展的信息社会环境而言，法律表现出明显的滞后性。因此，在秩序形成的初始阶段，伦理原则、道德准则是立法的基础。

以个人隐私保护为例，该问题是信息伦理研究中最早出现的问题之一。在过去的很长一段时间内，每年都会新提出一些需要被保护的隐私内容，但是法律条文无法做到如此快速的更新。

3. 杜绝对国家、社会和他人造成直接或间接危害

信息科技对社会的渗透无处不在，同时，互联网把全世界紧密联系在了一起，地域的意义被削弱。传统的伦理道德观与地域文化和习俗有着千丝万缕的关联，因此同样面临演化的问题。例如，A 国的公民在其个人网站上发布了一些有争议的文档，B 国的公民可以访问该网站并下载这些文档，但下载行为会触犯 B 国的法律。那么，是否应该禁止 A 国的公民发布这些在 A 国合法但在 B 国不合法的文档？另外，智能终端的普及使得人与人之间的直接交流变得越来越少，导致了人们的集体意识越来越淡薄，社会意识也随之慢慢降低。

互联网的普及同样引发了匿名制对实名制的冲击，每个网民都可以到不同的站点用匿名的方式发表自己的思想、主张，不文明用语屡见不鲜，导致网络社会乌烟瘴气。此外，一则信息可能在短短几分钟内传播至数千乃至上万人。如果信息不实，可能会导致受众认识混乱；即使信息本身是真实的，过多的网上批评和非议也很可能形成网络暴力。

当面对未知、疑惑或者两难局面的时候，"扬善避恶"是最基本的出发点，其中的"避恶"更为重要。每个信息社会成员都要从自身做起，如同在真实世界中一样，做事前审慎思考，杜绝对国家、社会和他人造成直接或间接危害。

4. 关注信息科技革命带来的环境变化与人文挑战

随着现代科学技术的发展，人们所关注的道德对象逐渐演化为人与自然、人与操作对象、人与他人、人与社会，以及人与自我 5 个方面。如果进一步细分，还有人与信息、人与信息技术（媒体、计算机、网络等）等各种复杂的关系。

急剧的社会变迁不可避免地会带来一些观念上的碰撞与文化上的冲突。例如，知识产权是指创造性智力成果的完成人或商业标志的所有人依法享有的权利的统称。知识产权的有效保护对科学技术的发展起到了极大的促进作用，但同时也在一定程度上阻碍了新技术的推广，"开源"的理念随之产生。时至今日，信息科技类开源产品的种类、数量繁多，应用范围也非常广泛。软件开源运动也证明，开放源代码之后，由来自不同背景的参与者协作完成的程序，质量并不低于大型信息科技公司的产品。开源软件的源代码是免费的，但对所获取源代码的使用需要遵循该开源软件的许可协议。

在人工智能越来越普及的今天，逐渐出现了由人工智能所创造的诗歌、散文、音乐，甚至是绘画作品。这些"作品"能否被称为艺术创作？一些人认为这些作品中并没有人类的情感，所以不能称为艺术创作。但是换个角度分析，如果有人能够从人工智能创造的作品里获得美的感受，那么这些作品是否已经成为事实上的艺术创作？

信息科技革命所带来的环境变化与人文挑战已在我们身边悄然发生，也已受到越来越多的关注。信息科技的发展是以推动社会进步为目的的，这一点毋庸置疑。如何在变革中进行文化传承，并持续发扬光大，进而维护人、信息、社会和自然的和谐，是每个信息社会成员需要思考的问题。

1.2 信息技术

当今已是信息社会，信息技术已成为经济社会转型发展的主要驱动力，是建设创新型国家、

模块 1
信息素养与社会责任

制造强国、网络强国、数字中国、智慧社会的基础支撑。

1.2.1 信息技术概述

1. 信息技术的定义

信息技术是管理和处理信息所采用的各种技术的总称。它主要是应用计算机科学和通信技术来设计、开发、安装信息系统及应用软件。它也常被称为信息通信技术（Information and Communications Technology，ICT），主要包括传感技术、计算机与智能技术、通信技术和控制技术。

2. 信息技术的特点

信息技术的特点包括高速化、网络化、数字化、个人化和智能化。

- 高速化是指信息技术中计算机和通信的发展追求的均是高速度、大容量。
- 网络化是指信息网络分为电信网、广电网和计算机网。它们有各自的形成过程，它们的服务对象、发展模式和功能等有交叉，同时相互补充。
- 数字化是指用电磁介质或半导体存储器按二进制编码的方法对信息进行处理和传输。
- 个人化是指信息技术将实现以个人为目标的通信方式，充分体现可移动性和全球性。实现个人通信需要全球性的、大规模的网络容量和智能化的网络功能。
- 智能化是指利用计算机模拟人的思维和行为，例如机器人、医疗诊断专家系统及推理证明等。

3. 信息技术的功能

信息技术的功能包括辅人功能、开发功能、协同功能、增效功能和先导功能。

- 辅人功能是指信息技术能够提高或增强人们获取、存储、处理、传输与控制信息的能力，使人们的素质、生产技能管理水平与决策能力等得到提高。
- 开发功能是指利用信息技术能够充分开发信息资源，该功能不仅推动了社会文献的大规模生产，而且大大加快了信息的传递速度。
- 协同功能是指人们通过信息技术的应用，可以共享资源、协同工作。例如，电子商务、远程教育等。
- 增效功能是指信息技术的应用使得现代社会的效率和效益大大提高。例如，通过卫星照相、遥感遥测，人们可以更多、更快地获得地理信息。
- 先导功能是指信息技术是现代文明的技术基础，是高技术群体发展的核心，也是信息化、信息社会、信息产业的关键技术，它推动了世界性的新技术革命。大力普及与应用新技术可实现对整个国民经济技术基础的改造，优先发展信息产业可带动各行各业的发展。

4. 信息技术的发展史

信息技术随人类社会的发展形成，并随着科学技术的进步而不断变革，至今发生过 5 次信息技术革命，如图 1-2 所示。

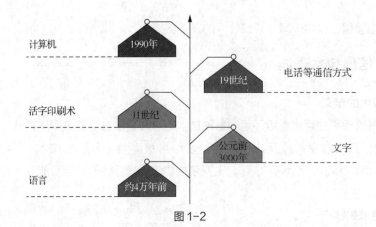

图 1-2

- 第一次信息技术革命是语言的产生和使用。这是人类进化和文明发展的一个重要里程碑。语言的出现促进了人类思维能力的提高，并为人们相互交流、传递信息提供了有效的工具。
- 第二次信息技术革命是创造了文字。将文字作为信息的载体，可以使知识、经验得到长期保存，并使信息的交流能够克服时间、空间的障碍，可以长距离或隔地传递信息。
- 第三次信息技术革命是发明了印刷术，产生了书籍、报纸，极大地促进了信息的共享和文化的普及。
- 第四次信息技术革命是发明了电报、电话等通信方式。电话、广播、电视等信息传播手段的广泛普及，使人类的经济和文化生活发生了革命性的变化。
- 第五次信息技术革命的标志是电子计算机的数据处理技术与新一代通信技术的有机结合，即计算机与互联网和移动通信技术的结合。

1.2.2 计算机概述

从第一台电子计算机问世至今，人类从生产到生活发生了巨大变化，以计算机为核心的信息技术作为一种新的生产力，正在向社会的各个领域渗透。

1. 计算机的发展史

计算机（Computer）是一种具有极快的处理速度、很强的存储能力、精确的计算和逻辑判断能力，由程序自动控制操作过程的电子设备。程序（Program）是为实现特定目标或解决特定问题而用计算机语言编写的命令序列的集合。

（1）第一台通用电子数字计算机的诞生

世界上第一台通用电子数字计算机于 1946 年在美国宾夕法尼亚大学诞生，取名为电子数字积分计算机（Electronic Numerical Integrator And Calculator，ENIAC），如图 1-3 所示。

（2）计算机的发展阶段

自从第一台通用电子数字计算机问世以来，计算机的发展极其迅速，根据计算机的性能和主要元器件，将计算机的发展分成以下 4 个阶段。

图 1-3

- 第 1 个阶段（1946—1957 年）。计算机以电子管为逻辑元件，使用迟延线或磁鼓作存储器。这代计算机运算速度慢、体积大、功耗惊人、价格高，主要用于科学计算和军事方面。
- 第 2 个阶段（1958—1964 年）。计算机以晶体管为逻辑元件，用磁芯作为主存储器，用磁盘机或磁带机等作外存储设备。这代计算机的性能大为提高，使用更方便，应用领域也扩大到数据处理和事务管理等方面。
- 第 3 个阶段（1965—1971 年）。计算机以集成电路为主要功能器件，主存储器采用半导体存储器。这代计算机体积减小、质量变轻、功耗降低，运算精度和可靠性等大为改善，软件功能大大增强。这代计算机的应用已遍及科学计算、工业控制、数据处理等各个方面。
- 第 4 个阶段（1972 年至今）。计算机使用大规模或超大规模集成电路，在存储容量、运算速度、可靠性及性能价格比等方面均比上一代有较大突破。这代计算机的应用极其广泛，已扩展到几乎所有行业或部门。

不同年代的计算机的主要功能器件实物——电子管、晶体管、集成电路、大规模或超大规模的集成电路如图 1-4 所示。

图 1-4

（3）计算机的未来发展

计算机技术是世界上发展最快的科学技术之一，相关产品不断升级换代。当前计算机正朝着巨型化、微型化、智能化、网络化等方向发展，计算机本身的性能越来越优越，应用范围也越来越广泛，计算机已成为人们工作、学习和生活中必不可少的工具。

为了争夺世界范围内信息技术的制高点，20 世纪 80 年代初期，各国开展了研制第 5 代计算机的激烈竞争。第 5 代计算机的研制推动了专家系统、知识工程、语音合成与语音识别、自然语言理解、自动推理和智能机器人等方面的研究，取得了大批成果。

从目前的研究方向来看，未来的计算机可能有以下几个发展方向。

- 量子计算机：利用量子动力学规律进行高速数学和逻辑运算、存储及处理的计算机。
- 神经网络计算机：模仿人脑的神经元结构，将信息存储在神经元中，并采用大量的并行分布式网络构成的计算机。
- 生物计算机：使用生物芯片制成的计算机，优点是生物芯片的蛋白质具有生物活性。
- 光子计算机：用光子代替半导体芯片中的电子制成的数字计算机。

2．计算机的分类

计算机的分类方法大致有如下几种。

（1）按信息的表示和处理方式划分

按信息的表示和处理方式，计算机可分为数字电子计算机、模拟电子计算机及混合计算机。

- 数字电子计算机。信息用离散的二进制形式的代码串（0和1组成的代码串）表示，特点是解题精度高、便于信息存储、通用性强。通常所说的电子计算机就是指数字电子计算机。
- 模拟电子计算机。信息用连续变化的模拟量表示，其运算部件主要由运算放大器及一些有源或无源的网络组成。运算速度很快，但精度不高。每当数学模型和运算方法发生变化时，就需要重新设计和编排电路，故其通用性不强。
- 混合计算机。结合两种计算机的长处，既有数字量又有模拟量，既能高速运算，又便于存储，但这种计算机设计困难，造价高。

（2）按计算机的用途划分

按计算机的用途可分为专用计算机与通用计算机。

- 专用计算机。针对某一特定应用领域，为解决某些特定问题而设计的计算机。其结构比较简单、成本低、可靠性好，但功能单一，在其他领域使用时性能很差。
- 通用计算机。针对多种应用领域或者面向多种算法研制的计算机，它有较复杂的系统结构和较丰富的通用系统软件，其通用性强、功能全，能适应多种用户的需求，成本比专用计算机高。目前生产的计算机多数是通用计算机。

（3）按计算机的规模与性能划分

按计算机的规模与性能可分为巨型计算机、大型计算机、中型计算机、小型计算机与微型计算机5类。这种划分方法综合考虑了计算机的运算速度、字长、存储容量、输入与输出能力、价格等指标。

- 巨型计算机。巨型计算机（又称超级计算机）的运算速度快、存储容量大，每秒可进行1亿次以上的浮点运算。这类机器的价格相当昂贵，主要用于复杂、尖端的科学研究领域，特别是军事科学计算。中国、美国和日本在巨型计算机研制方面的竞争十分激烈，2020年我国自主研发的新一代百亿亿次超级计算机——"天河三号"原型机完成研制部署，如图1-5所示。

图1-5

- 大/中型计算机。大/中型计算机也具有较高的运算速度，每秒可以执行几千万条指令，并具有较大的存储容量及较好的通用性，但价格比较昂贵，通常作为银行、铁路等大型应用系统中的计算机网络的主机来使用。

- 小型计算机。小型计算机的运算速度和存储容量略低于大/中型计算机，与终端和各种外部设备的连接比较容易，适合作为联机系统的主机，或者工业生产过程中的自动控制机器。
- 微型计算机。以运算器和控制器为核心，加上由大规模集成电路制作的存储器、输入/输出接口和系统总线，构成了体积小、结构紧凑、价格低但又具有一定功能的微型计算机，又称微电脑或个人计算机。

工作站（Workstation）是以个人计算机和分布式网络计算环境为基础的一类多功能计算机，由高性能的微型计算机系统、输入/输出设备以及专用软件组成。

服务器（Server）是一种在网络环境下为多用户提供服务的共享设备，一般分为文件服务器、通信服务器和打印服务器等。该设备与网络连接，网络用户在通信软件的支持下实现远程登录，共享各种服务。

3. 计算机的特点与应用

（1）计算机的特点

计算机之所以能够成为处理信息的重要工具和人类进入信息社会的主要标志，是因为它有如下特点。

- 运算速度快。计算机的运算速度以每秒的运算次数来表示。不同的计算机运算速度从每秒几十万次到几亿次以至几十万亿次不等，而且还在不断提高。
- 精确度高。计算机中数据的精确度主要取决于数据以二进制形式表示的位数，位数越长则精确度越高。
- 存储容量大。计算机有存储大量信息的存储部件。
- 具有逻辑判断功能。计算机不仅能快速准确地计算数据，还具有逻辑运算能力。

（2）计算机的应用

计算机已经渗透到人类社会的各个领域，改变着我们的工作、学习和生活方式，其在如下几个领域中的应用比较常见。

- 科学计算。科学计算是指利用计算机进行科学技术领域中的数值计算。
- 实时控制。实时控制是指利用计算机对过程或系统进行实时控制，这对提高产品质量和生产效率、改善劳动条件、节约能源与原材料、提高经济效益有重大作用。
- 数据处理。数据处理是指利用计算机对生产、经济活动、社会与科学研究中产生的大量数据进行搜集、转换、分类、存储、传输，或者生成报表和一定规格的文件，以满足查询、统计、排序等需要。
- 计算机辅助系统。计算机辅助系统包括计算机辅助设计、计算机辅助制造和计算机辅助教学等。计算机辅助设计（Computer Aided Design，CAD）是指利用计算机对船舶、飞机、汽车、建筑、机械、集成电路、服装等进行辅助设计，如提供模型、计算、绘图等。计算机辅助制造（Computer Aided Manufacturing，CAM）是指利用计算机对生产设备与操作进行控制，以代替人的部分操作。计算机辅助教学（Computer Assisted Instruction，CAI）是指利用计算机对教学和训练，是一种新兴的教育技术，可以有效地提高教学的质量和效率，节省训练经费，在各类教学和训练中取得了很大的成就。

- 文字处理和办公自动化。文字处理（Word Processing）是指从普通公文和信件的处理，到文献摘录、书刊、报纸的排版，以及办公文档的处理等。办公自动化（Office Automation，OA）是将现代化办公和计算机网络功能结合起来的一种新型的办公方式。

- 人工智能。人工智能（Artificial Intelligence，AI）的研究和应用是智能化的前提。人工智能是研究如何构造智能系统（包括智能机器），以便模拟、延伸、扩展人类智能的一门科学。例如，研究并模拟人的感知（视觉、听觉、嗅觉、触觉）、学习、推理能力，甚至模拟人的联想、感悟、发现等思维过程。

- 计算机网络。计算机网络是计算机技术和通信技术相结合的产物。计算机网络综合了计算机系统资源丰富和通信系统迅速、及时的优势，具有很强的生命力。

"阿尔法围棋"（AlphaGo）是第一个击败人类职业围棋选手、第一个战胜围棋世界冠军的人工智能机器人，由谷歌（Google）旗下的 DeepMind 公司的戴密斯·哈萨比斯领衔的团队开发。其主要工作原理是"深度学习"。人机大赛现场如图 1-6 所示。"阿尔法围棋"最大的胜利是进行了一场关于人工智能的全球性的科普。

图 1-6

1.2.3　计算机系统的组成

计算机系统是一个包含硬件、软件的系统。有了硬件和软件的配合，计算机才能使用。

1. 计算机系统的组成介绍

计算机系统是由硬件系统和软件系统组成的。硬件是指计算机中"看得见""摸得着"的所有物理设备，软件则是指计算机运行的各种程序的总和。

硬件系统主要包括计算机的主机和外部设备，软件系统主要包括系统软件和应用软件。计算机系统的组成如图 1-7 所示。

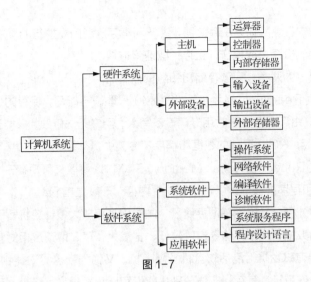

图 1-7

2. 计算机硬件系统

计算机的硬件系统由运算器、控制器、内部存储器、输入/输出设备和外部存储器组成。通常把运算器、控制器和内部存储器统称为计算机的主机，而把各种输入和输出设备、外部存储器统称为计算机外部设备。

（1）运算器

运算器（Arithmetic Unit）是计算机中对信息进行加工、运算的部件，它的速度决定了计算机的运算速度。运算器的功能是对二进制编码进行算术运算（加、减、乘、除）和逻辑运算（与、或、非、比较、移位）。

（2）控制器

控制器（Control Unit）的功能是控制计算机各部分按照程序指令的要求协调工作，自动地执行程序。它的工作是按程序计数器的要求，从内存中取出一条指令并进行分析，根据指令的内容要求，向有关部件发出控制命令，并让其按指令要求完成操作。

运算器和控制器在一块集成电路中，称为中央处理器（Central Processing Unit，CPU）。

（3）存储器

存储器（Memory）的功能是存储程序和数据。计算机存储器通常分为内部存储器及外部存储器两种，如图 1-8 所示。

图 1-8

内部存储器简称内存，又称为主存储器，主要用于存放当前要执行的程序及相关数据。CPU可以直接对内存数据进行存、取操作，且存、取速度很快。

内部存储器又可分为两类：只读存储器和随机存储器。

- 只读存储器（Read Only Memory，ROM）只能读不能写，保存的是计算机中最重要的程序或数据，由厂家在生产时用专门设备写入，用户无法修改，只能读出数据来使用。在关闭计算机后，ROM存储的数据和程序不会丢失。

- 随机存储器（Random Access Memory，RAM）既可读又可写。在关闭计算机后，RAM存储的数据和程序会被清除。通常说的"内存"一般是指RAM。

外部存储器简称外存，又称为辅助存储器，主要用于存放大量计算机暂时不执行的程序以及目前尚不需要处理的数据。外部存储器造价较低、容量大，存、取速度相对较慢。

外部存储器主要有磁盘机（包括软盘机及硬盘机，又称为软盘驱动器和硬盘驱动器）、光盘机（光盘驱动器）及磁带机，其存储实体分别是软盘和硬盘、光盘、磁带。在关闭计算机后，存储在外部存储器中的数据和程序仍可保留，适合存储需要长期保存的数据和程序。不过，在个人计算机上几乎不用磁带机，并且U盘也取代了早期的软盘。

CPU与内部存储器一起构成计算机的主机。

（4）输入设备

输入设备（Input Device）是指往计算机中输入信息的设备。它的任务是向计算机输入信息，如文字、图形、声音等，并将其转换成计算机能识别和接收的信息形式，然后将信息送入存储器中。常用的输入设备有键盘、鼠标、手写板、扫描仪、摄像头等，如图1-9所示。

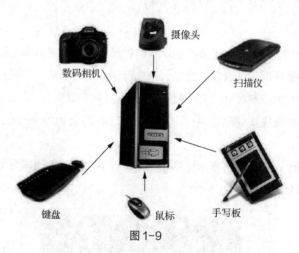

图1-9

（5）输出设备

输出设备（Output Device）是指从计算机中输出人可以识别的信息的设备。它的功能是将计算机处理的数据、结果等内部信息，转换成人们能接受的信息形式，然后将信息输出。常用的输出设备有显示器、打印机、绘图仪和扬声器等。

输入/输出设备和外部存储器统称为外部设备。

3. 计算机软件系统

软件系统是指为了运行、管理和维护计算机所编制的各种程序的集合。软件系统按其功能可分为系统软件和应用软件两大类。

（1）系统软件

系统软件是指计算机的基本软件，是为使用和管理计算机而编写的各种应用程序。系统软件包括监控程序、操作系统、汇编程序、解释程序、编译程序和诊断程序等。

服务器上常用的操作系统有 Linux、UNIX 和 Windows 三大类。

微型计算机的操作系统主要有微软公司的 Windows、基于开放源代码的 Linux 的各种操作系统、苹果公司的 macOS 等。

本书将以微软公司的 Windows 10 为例讲述操作系统的使用方法，因其操作系统已图形化，故使用难度不大。

（2）应用软件

应用软件是专门为解决某个应用领域里的总体任务编制的程序。

常用的有办公软件（如微软公司的 Office 系列、金山公司的 WPS 系列、永中公司的 Office 系列）、反病毒软件（如金山毒霸、360 杀毒、瑞星杀毒等）、数据库软件（如微软公司的 Access 和 SQL Server、甲骨文公司的 Oracle 等）、图像处理软件、媒体播放软件、即时通信软件等。

本书以微软公司的 Office 2016 来讲述办公软件的使用。金山公司的 WPS 系列软件兼容微软公司的 Office 系列软件，并且可免费使用，而且资源占用方面有先天的优势，对个人用户来说是不错的选择。

4. 计算机的工作原理

美籍匈牙利计算机科学家约翰·冯·诺依曼（John von Neumann）奠定了现代计算机的基本结构，被称为电子计算机之父。

"存储程序、逐条执行"是指预先把指挥计算机如何进行操作的指令序列（称为程序）和原始数据通过输入设备输送到计算机的内存中；每一条指令明确规定了计算机从哪个地址取数、进行什么操作、送到什么地址去等步骤；计算机的工作过程是控制运算器从内存中取出第一条指令，通过控制器的译码，按指令的要求，从存储器中取出数据进行指定的运算和逻辑操作等，然后再按地址把结果送到内存中去；接下来，再取出第二条指令，在控制器的指挥下完成规定操作；依次进行下去，直至遇到停止指令，如图 1-10 所示。

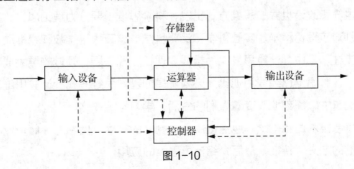

图 1-10

5．程序设计语言

编写计算机程序所用的语言即计算机程序设计语言，通常分为机器语言、汇编语言和高级语言 3 类。

（1）机器语言

机器语言是计算机硬件系统所能识别的、无须翻译的、直接供机器使用的程序设计语言。机器语言用二进制代码 0 和 1 表示，是唯一能被计算机直接识别的语言，执行速度非常快，但编写难度大，调试修改烦琐。用机器语言编写的程序不便于记忆、阅读和书写，因此通常不用机器语言直接编写程序。

（2）汇编语言

汇编语言是一种用助记符（英文或英文缩写）表示的面向机器的程序设计语言。汇编语言的每条指令对应一条机器语言代码，不同类型的计算机系统一般有不同的汇编语言。用汇编语言编写的程序称为汇编语言程序，机器不能直接识别和执行，必须由汇编程序（或汇编系统）翻译成机器语言才能运行。汇编语言比机器语言易读、易修改和检查，同时也保留了机器语言执行速度快、占用存储空间小的优点。汇编语言适用于编写直接控制机器操作的底层程序。

机器语言与汇编语言被统称为低级语言。

（3）高级语言

高级语言是一种比较接近自然语言和数学表达式的计算机程序设计语言。用高级语言编写的程序一般称为源程序，计算机不能直接识别和执行。要把用高级语言编写的源程序翻译成机器指令，通常有编译和解释两种翻译方式。

编译是将源程序整个翻译成用机器指令表示的目标程序，然后让计算机来执行，例如 C 语言。

解释是将源程序逐句翻译，翻译一句执行一句，也就是边解释边执行，不产生目标程序，如 Basic 语言。

高级语言直观、易读、易懂、易调试，便于移植。常用的高级语言有 Basic、FORTRAN、Pascal、C 语言、Java 等。

1.3 计算思维

从人类认识世界和改造世界的思维方式出发，科学思维主要分为理论思维、实验思维和计算思维三大类，分别对应理论科学、实验科学和计算科学。这三大科学被称为推动人类文明进步和科技发展的三大支柱。其中，计算思维尤为重要。现在，几乎所有领域的重大成就，无不得益于计算思维的支持，计算思维已经成为现代人必须掌握的基本思维方式。计算思维在求解问题方面已体现出巨大的优越性，深刻地改变着人们的生活、学习与工作。

下面先介绍信息技术逻辑基础，包括进制及进制间的转换、信息的存储单位以及数据编码，然后讲解计算思维的定义、特征，最后介绍计算思维的应用。

1.3.1　进制

基于计算机的电子特性，计算机里只能使用两个数，即 0 和 1。那么在计算机里 1+1 的结果该怎么表达？现实中 1+1=2，而计算机里没有 2，只使用 0 与 1 两个数来表达结果，所以在计算机里 1+1=10，这就是二进制的表达方式。

计算机的程序和程序运行所需要的数据以二进制形式表示和存储。

1. 进制的定义

现代二进制计数系统由戈特弗里德·莱布尼茨于 1679 年设计。除二进制外，程序员也经常用到十进制、八进制和十六进制。

- 十进制。我们最熟悉、最常用的是十进位计数制（简称十进制），它有 0~9 共 10 个数字，即基数为 10。十进制具有"逢十进一"的进位规律。

- 二进制。二进制有 0 和 1 两个数字，即基数为 2。二进制具有"逢二进一"的进位规律。在计算机内部，一切信息的存放、处理和传送都采用二进制的形式。

- 八进制。八进位计数制（简称八进制）的基数为 8，使用 8 个数码，即 0、1、2、3、4、5、6、7 表示数，低位向高位进位的规则是"逢八进一"。

- 十六进制。十六进位计数制（简称十六进制）的基数为 16，使用 16 个数码，即 0、1、2、3、4、5、6、7、8、9、A、B、C、D、E、F 表示数，这里的 A、B、C、D、E、F 分别代表十进制中的 10、11、12、13、14、15，低位向高位进位的规则是"逢十六进一"。

相同数值的不同进制表示如表 1-1 所示。

表 1-1　相同数值的不同进制表示

十 进 制	二 进 制	八 进 制	十六进制	十 进 制	二 进 制	八 进 制	十六进制
0	0	0	0	9	1001	11	9
1	1	1	1	10	1010	12	A
2	10	2	2	11	1011	13	B
3	11	3	3	12	1100	14	C
4	100	4	4	13	1101	15	D
5	101	5	5	14	1110	16	E
6	110	6	6	15	1111	17	F
7	111	7	7	16	10000	20	10
8	1000	10	8				

2. 进制的转换

在程序设计中，为了区分不同进制，表示数的方法如下。

- 十进制数，在数字后面加字母 D 或不加字母。

- 二进制数，在数字后面加字母 B。

- 八进制数，在数字后面加字母 O。

- 十六进制数，在数字后面加字母 H。

（1）十进制数转换为二进制数

十进制数转换成二进制数采用的方法是除 2 取余，直到商为 0，余数按倒序排列。

例如，$(126)_{10} = (1111110)_2$ 或者 126D = 1111110B。

其转换时的计算过程如图 1-11 所示。

$$
\begin{array}{r|l}
2 & 126 \\
\hline
2 & 63 \\
\hline
2 & 31 \\
\hline
2 & 15 \\
\hline
2 & 7 \\
\hline
2 & 3 \\
\hline
2 & 1 \\
\hline
 & 0
\end{array}
$$

余 0 (K_0) 低

余 1 (K_1)

余 1 (K_2)

余 1 (K_3)

余 1 (K_4)

余 0 (K_5)

余 1 (K_6) 高

图 1-11

（2）二进制数转换为十进制数

二进制数转换成十进制数用的方法是归纳总结，依据表 1-1 可知：

$(10)_2 = (2)_{10}$

$(100)_2 = (4)_{10} = (2^2)_{10}$

$(1000)_2 = (8)_{10} = (2^3)_{10}$

……

例如，$(1101100)_2 = (1000000+100000+1000+100)_2$

$\qquad = 1 \times 2^6 + 1 \times 2^5 + 1 \times 2^3 + 1 \times 2^2$

$\qquad = 64+32+8+4 = (108)_{10}$

（3）二进制数与八进制数互相转换

二进制数转换成八进制数的转换原则为"三位并一位"，例如，$(110111.11011)_2$ 转换为八进制数的方法：

110	111	.	110	110
↓	↓		↓	↓
6	7	.	6	6

结果为 $(110111.11011)_2 = (67.66)_8$ 或者 110111.11011B = 67.66O。

八进制数转换成二进制数的转换原则是"一位拆三位"，例如，$(64.54)_8$ 转换为二进制数的方法：

6	4	.	5	4
↓	↓		↓	↓
110	100	.	101	100

结果为 $(64.54)_8 = (110100.101100)_2$ 或者 64.54O = 110100.101100B。

（4）二进制数与十六进制数互相转换

二进制数转换成十六进制数的转换原则是"四位并一位"，即从小数点开始向左右两边以每 4 位为一组，不足 4 位时补 0，然后每组改成等值的一位十六进制数。例如，将（1111101100.00011010）$_2$ 转换成十六进制数的方法：

0011	1110	1100	.	0001	1010
↓	↓	↓	↓	↓	↓
3	E	C	.	1	A

结果为（1111101100.00011010）$_2$＝（3EC.1A）$_{16}$ 或者 1111101100.00011010B = 3EC.1AH。

十六进制数转换成二进制数的转换原则是"一位拆四位"，即把一位十六进制数转换成对应的 4 位二进制数，然后按顺序连接。例如，将（C41.BA7）$_{16}$ 转换为二进制数的方法：

C	4	1	.	B	A	7
↓	↓	↓		↓	↓	↓
1100	0100	0001	.	1011	1010	0111

结果为（C41.BA7）$_{16}$＝（110001000001.101110100111）$_2$ 或者 C41.BA7H = 110001000001. 101110100111B。

1.3.2 数据编码

计算机只能识别二进制数码。在实际应用中，计算机除了要对数码进行处理之外，还要对其他信息（如符号、文本、声音等）进行识别和处理，因此必须先把数据信息编成二进制数码，这种把数据信息编成二进制数码的过程，称为数据编码。

1. 数据单位

计算机的存储设备，如内存、硬盘等需要计算容量，经常会用到 MB、GB、TB 等单位，这些都是计算机中的数据单位。

（1）位

计算机中最小的数据单位是二进制的一个数位。计算机中最直接、最基本的操作就是对二进制位的操作。我们把二进制数的每一位叫一个字位（Bit），或叫一个比特。比特是计算机中最小的存储单位。

（2）字节

一个 8 位的二进制数单元叫作一个字节（Byte）。字节是计算机中最小的存储单元。其他容量单位还有千字节（kB）、兆字节（MB）、吉字节（GB）以及太字节（TB）。换算关系如下。

1B = 8bit

1kB = 1024B

1MB = 1024kB

1GB = 1024MB

1TB = 1024GB

（3）字

CPU 通过数据总线进行一次存取、加工和传送的数据称为字，一个字由若干个字节组成。

（4）字长

一个字包括的二进制数的位数称为字长。例如，一个字由两个字节组成，则该字字长为 16 位。不同类型计算机的字长是不同的，字长是计算机功能的一个重要标志，字长越长表示计算机功能越强。字长是由 CPU 的芯片决定的。现在的个人计算机的 CPU 逐渐由 32 位过渡为 64 位。

2. ASCII

ASCII 是美国国家信息交换标准代码。这种编码是字符编码，利用 7 位二进制数字 0 和 1 的组合码来对应 128 个符号。字符的 ASCII 表如图 1-12 所示，其中前面两列是控制字符，通常用于控制或通信。

$b_3b_2b_1b_0$	$b_6b_5b_4$							
	000	001	010	011	100	101	110	111
0000	NUL	DLE	SP	0	@	P	`	p
0001	SOH	DC1	!	1	A	Q	a	q
0010	STX	DC2	"	2	B	R	b	r
0011	ETX	DC3	#	3	C	S	c	s
0100	EOT	DC4	S	4	D	T	d	t
0101	ENQ	NAK	%	5	E	U	e	u
0110	ACK	SYN	&	6	F	V	f	v
0111	BEL	ETB	'	7	G	W	g	w
1000	BS	CAN	(	8	H	X	h	x
1001	HT	EM	)	9	I	Y	i	y
1010	LF	SUB	*	:	J	Z	j	z
1011	VT	ESC	+	;	K	[	k	{
1100	FF	FS	,	<	L	\	l		
1101	CR	GS	–	=	M	]	m	}
1110	SO	RS	.	>	N	↑	n	~
1111	SI	US	/	?	O	↓	o	DEL

图 1-12

从 ASCII 表中可以看出，字符 A 的 ASCII 对应的十进制数为 65，如图 1-13 所示。最高位一般用于奇偶校验，奇偶校验是一种简单且常用的检验方法，主要用来验证计算机在进行信息传输时的正确性。在工作时，通常把第 7 位取为 "0"。

7	6	5	4	3	2	1	0
0	1	0	0	0	0	0	1

图 1-13

从 ASCII 表中可以看出，数字 0~9、字母 A~Z 与 a~z 都是按顺序排列的，且小写字母比大写字母的 ASCII 值大 32，这有利于大、小写字母之间的编码转换。

3. 国标码

国标码是指国家标准《信息交换用汉字编码字符集·基本集》（GB 2312—1980）。这是我国制定的统一标准的汉字交换码，是一种双七位编码。

国标码的任何一个符号、汉字和图形都是用两个 7 位的字节来表示的。国标码中收录了 7445 个汉字及图形字符，其中汉字 6763 个。

4. 汉字的处理过程

计算机在处理汉字信息时，要将其转化为二进制数码，这就要对汉字进行编码。汉字的处理要解决汉字的输入、输出以及计算机内部的编码问题。汉字的处理有多种编码形式，主要分为输入码、国际码、机内码和字形码 4 类，如图 1-14 所示。

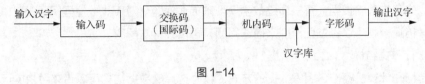

图 1-14

1.3.3 计算思维概述

随着信息技术的发展，计算思维已经成为人们认识和解决问题的基本能力之一。计算思维是计算机专业人员必须具备的能力，它蕴含着一整套解决一般问题的方法与技术。

1. 计算思维的定义

计算思维的定义由美国卡内基·梅隆大学计算机科学系主任周以真教授于 2006 年提出。她认为，计算思维是运用计算机科学的基础概念进行问题求解、系统设计以及人类行为理解等的一系列思维活动。也就是说，计算思维是基于计算的思想和方法，它不属于理论分析手段，也不属于实验操作和观察手段。

计算思维是研究计算的思维，因此要理解计算思维，首先要理解计算。计算就是基于规则、符号集合的变换过程，即从一个按照规则组织的符号集合开始，再按照既定的规则一步步地改变这些符号集合，经过有限步骤之后得到一个确定的结果。

计算思维作为抽象的思维能力，不能被直接观察到。计算思维是运用或模拟计算机科学与技术（信息科学与技术）的基本概念、设计原理，模仿计算机专家（科学家、工程师）处理问题的思维方式，在计算系统中将实际问题转化（抽象）为计算机能够处理的形式（模型），进行问题求解的思维活动及过程。

2. 计算思维的应用

现实生活中人们会遇到各种问题，人们解决问题会有相应的步骤与过程。计算机解决问题有其自身的方法与过程。学习计算机解决问题的思想，就要了解计算机求解问题的过程，理解计算机程序的组成并利用计算机程序解决问题，这是学习计算机编程的基本方法与途径。

利用计算机求解一个问题的过程，其实就是计算思维的过程，也就是通过计算机编写程序解决问题的过程，如图 1-15 所示。

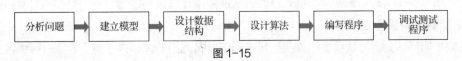

图 1-15

（1）分析问题

通过分析题意，搞清楚问题的含义，明确问题的目标是什么，要求解的结果是什么，问题的已知条件和已知数据是什么，从而建立起逻辑模型，将一个看似很困难、很复杂的问题转化为基本逻辑（例如顺序、选择和循环等）。

（2）建立模型

建立模型（简称建模）是用计算机解题步骤中的难点，也是计算机解题的关键。对于数值型问题，可以先建立数学模型，直接通过数学模型来描述问题。对于非数值问题，可以先建立一个过程或者仿真模型，通过过程模型来描述问题，再设计算法解决。

（3）设计数据结构

数据结构是计算机存储、组织数据的方式。精心选择的数据结构可以带来更快的运行速度或者更高的存储效率。

数组（Array）是相同类型的变量组成的数据结构，是非常常用的数据结构。

（4）设计算法

有了数学模型或者公式，还需要将数学的思维方式转化为离散计算的模式。算法是求解问题的方法和步骤，通过设计算法，可以根据给定的输入得到期望的输出。

（5）编写程序

算法设计完成后，需要采取一种程序设计语言编写程序，实现设计算法的功能，从而达到使用计算机解决实际问题的目的。程序就是按照算法，用指定的计算机程序设计语言编写的一组用于解决问题的指令的集合。

（6）调试测试程序

编写程序的过程中需要不断地上机调试程序。验证程序的正确性是一个比较困难的过程，比较实用的方法就是对程序进行测试，看看运行结果是否符合预期，如果不符合，要进行分析，找出问题出现的地方，对算法或程序进行修正，直到得到正确的结果。

1.4 计算机网络

计算机已全面进入网络时代，从较小的办公局域网到将全世界连成一体的互联网，计算机网络随处可见，并且已经深入社会的各个方面。

1.4.1 计算机网络概述

1. 计算机网络的定义

通过通信线路和通信设备，将地理位置不同、功能独立的多台计算机互联起来，再通过功能完善的网络软件来实现资源共享和信息传递，从而构成计算机网络。

2. 计算机网络的分类

计算机网络的分类方法很多，常用的是按网络分布范围的大小来分类，计算机网络可分成局域网、城域网和广域网。

- 局域网。局域网（Local Area Network，LAN）是分布范围较小的网络，一般在 10 公里以内，以一个单位或一个部门为限，如在一个建筑物、一个工厂、一个校园内等。这种网络可用多种介质通信，具有较高的传输速率，一般可达到 100Mbit/s。
- 城域网。城域网（Metropolitan Area Network，MAN）是介于局域网与广域网之间，范围在一个城市内的网络，一般在几十公里以内。
- 广域网。广域网（Wide Area Network，WAN）不受地区的限制，可以在全省、全国，甚至横跨几大洲，进行联网。这种网络能实现大范围内的资源共享，通常采用电信部门提供的通信装置和传输介质。因特网就是应用广泛的广域网。

3. 计算机网络的功能

计算机网络的功能主要表现在 3 个方面。

- 资源共享。共享硬件资源，如打印机、光盘、磁带备份机等；共享软件资源，如各种应用软件、公共使用的数据库。资源共享可以减少重复投资，降低费用，推动计算机应用的发展，这是计算机网络的突出优点之一。
- 信息交换。利用计算机网络提供的信息交换功能，用户可以在网上发送电子邮件、发布新闻消息、进行远程电子购货、进行电子金融贸易、进行远程电子教育等。
- 协同处理。协同处理是指计算机网络中各主机间均衡负荷，把在某时刻负荷较重的主机的任务传送给空闲的主机，利用多个主机协同工作来完成靠单一主机难以完成的大型任务。

4. 计算机网络的拓扑结构

网络拓扑就是指网络的连接形状，即网络在物理上的连通性。从拓扑的角度看，计算机网络中的处理机称为节点，通信线路称为链路。因此，计算机网络的拓扑结构就是指节点和链路的结构。

计算机网络的拓扑结构常见的有 4 种，分别是总线型、星形、环形和网状，如图 1-16 所示。

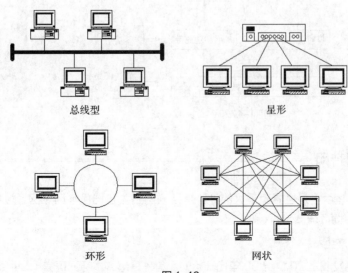

总线型　　　　　　　星形

环形　　　　　　　网状

图 1-16

- 总线型。总线型拓扑结构是在一条总线上连接所有节点和其他共享设备。其优点是结构简单、连接方便，容易扩充网络。缺点是总线容易阻塞，故障诊断困难。
- 星形。星形拓扑结构是指每个节点均以一条单独线路与中心相连，如普通的电话交换系统就是一个典型的星形拓扑结构。这种结构的优点是结构简单、容易建网，各节点间相互独立。缺点是线路太多，如果中心节点发生故障，全网将停止工作。
- 环形。环形拓扑结构中各节点经过环接口连成一个环形。在这种结构中，每个节点地位平等，传输速度快，适合组建光纤高速环形传输网络。
- 网状。网状拓扑结构是指每个节点至少有 2 条链路与其他节点相连，任何一条链路出故障时，数据可由其他链路传输，可靠性较高。广域网均属于这种类型。

5. 计算机网络协议

计算机网络中的节点之间要进行有效的通信，必须遵守一定的规则。计算机网络的通信是一个复杂的过程，分层技术很好地解决了这个问题，它将这些规则按功能划分成不同的层次，下层为上层提供服务，上层利用下层的服务完成本层的功能，同时这些规则还具有通用性，不依赖于节点的硬件或软件，适用于各种网络。

邮政系统是在实际生活中使用分层技术的例子，如图 1-17 所示。国际标准化组织在 1984 年公布了计算机网络协议，即开放式系统互联通信参考模型（Open System Interconnection Reference Model，OSIRM），这个协议成为国际上通用的计算机网络协议标准。计算机网络协议也利用了分层技术，将计算机网络的通信过程分为 7 层，这 7 层的名称分别是物理层、数据链路层、网络层、传输层、会话层、表示层和应用层，如图 1-18 所示。

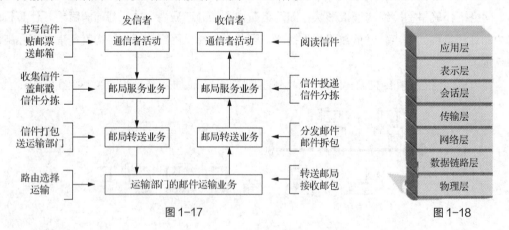

图 1-17　　　　　　　　　　　　　　　　图 1-18

1.4.2　因特网

因特网（Internet）是世界上最大的计算机互联网络，它把各种局域网、城域网、广域网通过路由器或网关及通信线路进行连接。

1. 因特网的产生

因特网的迅猛发展是 20 世纪 90 年代开始的。首先是超文本标记语言（Hyper Text Markup

Language，HTML）的发明，标志着万维网（World Wide Web）进入因特网这一广阔的领域。其次是 Web 浏览器的出现，使得因特网这列快车驶入了一个新世界。

2. 因特网的协议

因特网的传输协议是传输控制协议/网际协议（Transmission Control Protocol/Internet Protocol，TCP/IP），其基本传输单位是数据包（Datagram）。TCP 负责把数据分成若干个数据包，并给每个数据包加上包头，包头上有相应的编号，以保证在数据接收端能正确地将数据还原为原来的格式；IP 在每个包头上再加上接收端主机的 IP 地址，以便数据能准确地传到目的地。

实践证明，TCP/IP 是一组非常成功的网络协议，它虽然不是国际标准的传输协议，但已成为网络互联通用的传输协议。TCP/IP 将网络服务划分为 4 层，即应用层、传输层、网络层与数据链路层。TCP/IP 模型与 OSI 模型的比较如图 1-19 所示。

OSI 模型			TCP/IP 模型
第七层	应用层	Application	应用层
第六层	表示层	Presentation	
第五层	会话层	Session	
第四层	传输层	Transport	传输层
第三层	网络层	Network	网络层
第二层	数据链路层	Data Link	数据链路层
第一层	物理层	Physical	

图 1-19

3. IP 地址和域名

在因特网中通过 IP 地址或者域名来定位计算机。

（1）IP 地址

TCP/IP 规定联网的每一台计算机都必须有一个唯一的地址，即 IP 地址，这个地址由一个 32 位的二进制数组成，如图 1-20 所示。

$$00001010 . 10011011 . 00101100 . 11111011$$

图 1-20

通常把 32 位二进制数分成 4 组，每组 8 位，用一个小于 256 的十进制数表示出来，各组数间用圆点连接，这种方法叫作"点分十进制"。例如，10.155.44.251 就是因特网中的一台计算机的 IP 地址。

（2）域名

域（Domain）是指网络中某些计算机及网络设备的集合。而域名则是指某一区域的名称，它可以用来当作因特网中一台主机的代称，而且域名比 IP 地址更容易记忆。

例如，www.163.com 就是网易 Web 服务器的域名，在网络中把域名转换成 IP 地址的任务由域名服务器来完成。

4. 因特网提供的服务

TCP/IP 的应用层包括 HTTP、FTP、SMTP、TELNET、SNMP、DNS、RTP、GOPH 等多个子协议，因此因特网提供的服务主要有基于 HTTP 的 WWW 服务（简称 Web 服务）、基于 FTP 的文件传输服务、基于 SMTP 的电子邮件服务、基于 TELNET 协议的远程登录与网络论坛等。

（1）WWW 服务

WWW 是一种基于超链接的超文本系统。WWW 服务采用客户机/服务器工作模式，通信过程按照 HTTP 来进行。信息资源以网页文件的形式存放在 WWW 服务器中，用户通过 WWW 客户端程序也就是浏览器向 WWW 服务器发出请求；WWW 服务器响应浏览器的请求，将某个页面文件发送给浏览器；浏览器在接收到返回的页面文件后对其进行解释，并在显示器上将图、文、声并茂的画面呈现给用户。

（2）FTP 服务

文件传输协议（File Transfer Protocol，FTP）规定了在不同机器之间传输文件的方法与步骤。FTP 服务采用客户机/服务器工作模式，要传输的文件存放在 FTP 服务器中，用户通过客户端程序向 FTP 服务器发出请求；FTP 服务器响应客户端的请求，将某个文件发送给客户。

（3）电子邮件服务

电子邮件服务也是一种基于客户机/服务器工作模式的服务，整个系统由邮件通信协议、邮件服务器和邮件客户端软件 3 部分组成。

- 邮件通信协议。邮件通信协议有 3 种：简单邮件传输协议（Simple Mail Transfer Protocol，SMTP）、多用途互联网邮件扩展（Multipurpose Internet Mail Extensions，MIME）、邮局协议版本 3（Post Office Protocol-Version 3，POP3）。
- 邮件服务器。邮件服务器的功能一是为用户提供电子邮箱，二是承担发送邮件和接收邮件的业务，其实质就是电子化邮局。邮件服务器按功能可分为接收邮件服务器（POP 服务器）和发送邮件服务器（SMTP 服务器）。
- 邮件客户端软件。邮件客户端软件是用户用来编辑、发送、阅读、管理电子邮件及邮箱的工具。发送邮件时，邮件客户端软件可以将用户的电子邮件发送到指定的 SMTP 服务器中；接收邮件时，邮件客户端软件可以从指定的 POP 服务器中将邮件取回到本地计算机中。

（4）即时通信服务

即时通信（Instant Messenger，IM）服务是指能够即时发送和接收互联网消息等的服务。自 1998 年面世以来，特别是近几年的迅速发展，即时通信的功能日益丰富，它已经发展成为集交流、资讯、娱乐、搜索、电子商务、办公协作和企业客户服务等为一体的综合化信息平台。即时通信不同于电子邮件的地方在于它的交谈是即时的。大部分的即时通信服务提供了状态信息的功能，如显示联络人名单、联络人是否在线，以及能否与联络人交谈等。

即时通信领域比较有名的应用有微信、QQ、MSN、Skype 等。

1.4.3　浏览器

浏览器（Browser）是指可以显示网页服务器或者文件系统的 HTML 文件内容，并让用户与这些文件交互的一种软件。用户上网浏览网页，就必须有浏览器。Windows 操作系统自带微软公司的 Edge 浏览器。

1. 浏览器概述

使用浏览器之前先了解计算机网络的基本术语。

（1）文本和超文本

文本是指可见字符（文字、字母、数字和符号等）的有序组合，又称为普通文本。超文本是一种新的文件形式，指一个文件的内容可以无限地与相关内容链接。超文本是自然语言文本与计算机交互、转移和动态显示等功能的组合，文本系统允许用户任意构造链接。

（2）HTML 与网页文件

HTML 是编写网页、包含超链接的超文本的标准语言，它由文本和标记组成。

网页文件是用超文本标记语言编写的一个文件，扩展名一般是 htm 或 html，文件中的标记可由浏览器进行解释。互联网中的网站是由一系列网页文件组成的，其中第一个网页文件称为该网站的主页。

（3）URL

统一资源定位系统（Uniform Resource Locator，URL）是因特网的万维网服务程序上用于指定信息位置的表示方法。URL 主要由 3 部分组成，其格式为"传输协议：//计算机地址/文件全路径及名称"，例如 https://www.pku.edu.cn/index.html。

2. 浏览器操作

浏览器是用来阅读网页文件的客户端软件，现在流行的浏览器大部分是图形界面浏览器，如傲游浏览器、猎豹浏览器、Edge 浏览器等。双击 Windows 10 桌面上的 Edge 浏览器图标将启动 Edge 浏览器，同时打开默认的主页，如图 1-21 所示。

图 1-21

（1）Edge 浏览器窗口

Edge 浏览器窗口包括标题栏、扩展按钮、地址栏、显示窗口。

- 标题栏：位于界面的顶部，用来显示当前网页的名称。

- 扩展按钮：提供 Edge 浏览器的常用操作命令，如图 1-22 所示。

- 地址栏：输入和显示网页地址的地方。

- 显示窗口：浏览器把网页文件内容进行解释并显示在该窗口内。

（2）搜索引擎

在互联网寻找想要的资料，通常是使用搜索引擎进行搜索。目前流行的搜索引擎是百度。

在文本框中输入关键词，单击"百度一下"按钮，就可以搜索到包含关键词的大量网页，它们会以超链接的形式在窗口显示出来。

在搜索结果界面中，单击某个与搜索关键词相关的

图 1-22

超链接，将进入另一个网页，该网页就是搜索的结果，这些结果可能由文字或图形、图像组成，若用户想要保存搜索的内容，可通过扩展按钮中的操作命令来实现。

1.4.4 电子邮件

电子邮件（E-mail）是指通过网络为用户提供交流的电子信息空间，既可以为用户提供发送电子邮件的功能，又能自动地为用户接收电子邮件，同时还能对收发的电子邮件进行存储，但在存储电子邮件时，电子邮箱对电子邮件的大小有严格规定。

1. 电子邮件地址

电子邮件地址（E-mail 地址）为设在电子邮局的用户信箱地址，用户必须拥有一个电子邮件地址才能进行电子邮件收发。要获得一个电子邮件地址，用户需要向电子邮件服务器管理部门申请，也可以到提供免费电子邮件地址的网站上申请。如 QQ 用户可自动获得一个与 QQ 号相关联的电子邮件地址。

电子邮件地址的标准格式为"用户信箱名@邮件服务器域名"，例如本书主编的电子邮件地址就是 menjin@163.com 或者 12485977@qq.com，读者可以通过此邮箱同本书主编交流。

2. 电子邮件的使用

申请了电子邮件地址后，用户就可以进行电子邮件的收发。

（1）登录电子邮件地址

打开电子邮件地址窗口的方法为打开 Edge 浏览器，在地址栏输入 https://mail.163.com，进入"163 网易免费邮"网站。输入账号和密码，单击"登录"按钮，便可登录电子邮件地址，进入电子邮件地址主界面，如图 1-23 所示。

图 1-23

（2）写邮件、邮件的收发

在电子邮件地址主界面左侧，单击"写信"按钮，进入写信界面，如图 1-24 所示。写信完成后，单击"发送"按钮，写的电子邮件就会被发送到收件人的电子邮件地址里。在电子邮件地址主界面左侧，单击"收件箱"按钮，进入收件箱界面，就能看到收到的电子邮件。

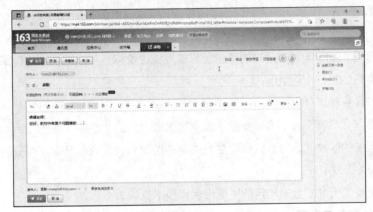

图 1-24

1.5 信息安全与国产化替代

信息技术的快速发展，使信息社会面临的挑战越来越严峻，信息系统客观存在的大量漏洞，极易被敌对势力或黑客用来对系统进行攻击。近年来，网络安全威胁事件频发，网络罪犯造成的各类损失快速增多，持续增长的网络威胁也促使我国的信息安全技术快速发展。随着《中华人民共和国网络安全法》等多部相关法律法规的颁布实施，信息安全越来越得到重视。

1.5.1 信息安全概述

1. 信息安全的定义

信息安全是指信息网络的硬件、软件及其系统中的数据受到保护，不受偶然的或者恶意的原因遭到破坏、更改、泄露，系统可以连续、可靠、正常地运行，信息服务不中断。信息安全的实质是保护信息系统和信息资源免受各种威胁、干扰和破坏。信息安全主要包括以下 5 方面的内容，即需保证信息的保密性、真实性、完整性、授权性和所寄生系统的安全性。

狭义的信息安全是建立在以密码论为基础的计算机安全领域中的，广义的信息安全不再是单纯的技术问题，而是将管理、技术、法律等问题相结合的产物。

2. 信息安全的发展历程

（1）通信保密时代

19 世纪 70 年代前，通过密码技术解决通信保密问题，主要安全威胁是搭线窃听和密码分析，采用的保障措施就是加密，确保保密性和完整性。其时代标志是 1949 年香农（Shannon）发表的《保密系统的通信理论》和 1977 年美国国家标准局公布的数据加密标准（Data Encryption Standard，DES）。

（2）信息安全时代

20 世纪 70 年代—90 年代，主要安全威胁是非法访问、恶意代码、网络入侵、病毒破坏等。主要保障措施是安全操作系统、防火墙、防病毒软件、漏洞扫描、入侵检测、公钥基础设施（Public Key Infrastructure，PKI）、虚拟专用网络（Virtual Private Network，VPN）和安全管理等。

其时代标志是 1985 年美国公布的可信计算机系统评价标准和国际标准化组织的信息技术安全性评估准则（ISO/IEC 15408）。

（3）信息安全保障时代

20 世纪 90 年代后期至今，信息安全不仅是对信息的保护，还有对信息的检测、反应和恢复，还包括对信息系统的保护。信息系统整个生命周期的防御和恢复，以及安全问题的出现和解决方案也超越了纯技术范畴。

典型标志是美国国家安全局制定的《信息保障技术框架》。

3. 信息安全的基本要素

信息安全包括 5 个基本要素，如图 1-25 所示。

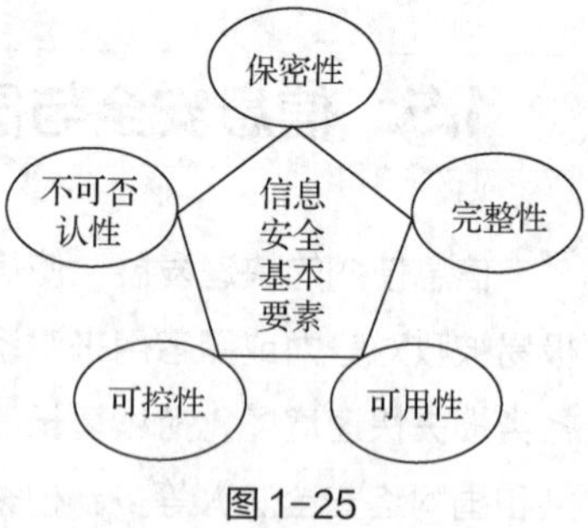

（1）保密性

保密性是指信息不被透露给非授权用户、实体或过程。保密性建立在可控性和可用性基础之上，常用保密技术包括以下几种。

图 1-25

- 防侦收。防侦收可以使入侵者收不到有用的信息。
- 防辐射。防辐射可以防止有用信息以各种途径辐射出去。
- 信息加密。信息加密是指在密钥的控制下，用加密算法对信息进行加密处理，即使入侵者得到了加密后的信息也会因没有密钥而无法读取有用信息。
- 物理保密。物理保密是使用各种物理方法保证信息不被泄露。

（2）完整性

完整性是指在传输、存储信息或数据的过程中，确保信息或数据不被非法篡改或在篡改后被迅速发现，能够验证所发送或传送的东西的准确性，并且进程或硬件组件不会被改变，保证只有得到授权的人才能修改数据。

完整性服务的目标是保护数据免受未授权的修改，包括数据的未授权创建和删除。通过如下行为可完成完整性服务。

- 屏蔽。屏蔽是将数据转化为受完整性保护的数据。
- 证实。证实是对受完整性保护的数据进行检查，以检测完整性故障。
- 去屏蔽。去屏蔽是指从受完整性保护的数据中重新生成数据。

（3）可用性

可用性是指得到授权的实体在有效时间内能够访问和使用所求的数据和数据服务。提供数据可用性保证的方式包括以下几种。

- 使用性能、质量可靠的软件和硬件。
- 配置正确、可靠的参数。
- 配备专业的系统安装和维护人员。
- 网络安全能得到保证，发现系统异常情况时能阻止入侵者对系统的攻击。

（4）可控性

可控性是指网络系统和信息在传输范围和存放空间内的可控程度。授权机制可控制信息传播的范围和内容，必要时能恢复密钥，实现网络资源及信息的可控性。

（5）不可否认性

不可否认性是指对出现的安全问题进行调查时，入侵者不可否认或抵赖自己所做的事情，接受信息安全的审查。

4. 信息安全等级保护

信息安全等级保护是对信息和信息载体按照重要性等级分级别进行保护的一种工作。我国《信息安全等级保护管理办法》规定，国家信息安全等级保护坚持自主定级、自主保护的原则。信息系统的安全等级保护应当根据信息系统在国家安全、经济建设、社会生活中的重要程度，以及信息系统遭到破坏后对国家安全、社会秩序、公共利益，以及公民、法人和其他组织的合法权益造成的损害程度等因素确定。

信息系统的安全等级分为以下5级，内容如下。

第1级，信息系统受到破坏后，会对公民、法人和其他组织的合法权益造成损害，但不损害国家安全、社会秩序和公共利益。此时，信息系统运营、使用单位应当依据国家有关管理规范和技术标准进行保护。

第2级，信息系统受到破坏后，会对公民、法人和其他组织的合法权益造成严重损害，或者对社会秩序和公共利益造成损害，但不损害国家安全。国家信息安全监管部门对该级信息系统安全等级保护工作进行指导。

第3级，信息系统受到破坏后，会对社会秩序和公共利益造成严重损害，或者对国家安全造成损害。国家信息安全监管部门对该级信息系统安全等级保护工作进行监督、检查。

第4级，信息系统受到破坏后，会对社会秩序和公共利益造成特别严重损害，或者对国家安全造成严重损害。国家信息安全监管部门对该级信息系统安全等级保护工作进行强制监督、检查。

第 5 级，信息系统受到破坏后，会对国家安全造成特别严重损害。国家信息安全监管部门对该级信息系统安全等级保护工作进行专门监督、检查。

1.5.2　计算机病毒

计算机作为信息处理的主要设备会受到多种自然因素和人为因素造成的威胁。自然因素是指一些意外事故；人为因素是指人为的入侵和破坏，主要是计算机病毒和网络黑客。

1. 计算机病毒的特征与分类

计算机病毒是计算机安全的主要的威胁之一。计算机病毒是人为编制的程序，其中含有破坏计算机功能或者破坏数据，影响计算机使用并且能够自我复制的一组计算机指令或者程序代码。

计算机病毒有如下特征。

- 破坏性。计算机病毒会破坏计算机中的某些资源。
- 传播性。计算机病毒有很强的传播能力，可以通过 U 盘、光盘、局域网和互联网等传播。
- 隐蔽性。计算机病毒有很强的隐蔽性，会隐蔽在正常文件中，不易被发现。
- 潜伏性。计算机病毒有很强的潜伏性，传染后会先潜伏下来，当条件符合时才会起作用。

计算机病毒的破坏方式、传播方式和危害程度各不相同。按病毒的感染目标或方式把计算机病毒分为以下 4 类。

（1）引导型病毒

引导型病毒主要感染文件的分区表或感染系统的启动文件。这类病毒的危害性极大，它们通常会破坏计算机硬盘中的文件表，使文件或程序无法使用，甚至格式化硬盘，常见的引导型病毒有 CIH 病毒。

（2）文件型病毒

文件型病毒仅感染某一类程序或文件，使这一类程序的功能不正常或使这一类文件无法使用。

（3）混合型病毒

混合型病毒是前两种病毒结合的产物，因而破坏性极强，常见的混合型病毒有幽灵病毒。

（4）网络病毒

网络病毒主要是通过网络或电子邮件传播的，可以破坏计算机的资源，使网速变慢，甚至使网络瘫痪。网络病毒又可分为木马病毒和蠕虫病毒。

- 木马病毒。木马病毒是一种后门程序，它常常潜伏在操作系统中，监视用户的各种操作，窃取用户资料或账号密码，被木马入侵的计算机甚至可以被远程控制。
- 蠕虫病毒。蠕虫病毒通过网络传播，利用系统和程序的漏洞攻击计算机，占用大量的计算机资源和网络资源，影响计算机和网络的速度，严重时会使系统崩溃。

2. 计算机病毒的危害

计算机病毒的危害有很多，主要表现为：破坏系统，使系统崩溃；破坏数据使之丢失；使计算机的运行速度变慢；偷走计算机中的数据，如照片、密码、银行信息；堵塞网络等。

当计算机出现上述情况时，就要怀疑计算机中是否有病毒。

计算机病毒的传播途径通常有 4 种，包括 U 盘的互换使用、使用来路不明的光盘或软件、硬盘文件的交换、内部网络或互联网中的传染。病毒主要寄生在磁盘的引导扇区和可执行文件（扩展名为 com、exe 的文件）中。

3. 计算机病毒的预防

计算机病毒的预防措施主要有以下 2 项。

（1）做好预防工作

有备无患，在病毒到来前做好以下防备工作。

安装防病毒软件。安装操作系统后，应把防病毒软件作为基本软件进行安装，并在开机时启动"实时监测"功能。金山、瑞星、360 等公司都提供免费的防病毒软件，安装防病毒软件后应及时升级病毒库文件，并在使用中经常升级。

提前备份系统文件。安装操作系统时，应生成系统启动盘并保存好。当需要检查病毒或清除病毒时需要使用它。

提前备份所有数据。为防止硬盘突然出现故障，防止硬盘受病毒的攻击，在系统正常时便应提早备份系统中所有重要的数据和程序。

（2）保持良好的使用习惯

律人律己，防止病毒应从自己做起，养成以下良好的习惯。

使用正版软件。

正确使用移动存储设备，不使用来路不明的 U 盘等；不接收来源不明的邮件，这些邮件可能包含病毒。

1.5.3　网络安全

互联网已成为现代人生活中不可或缺的一部分，如何有效地保证网络的安全非常重要。

防火墙是一种将内部网和公众访问网（如互联网）分开的方法，它实际上是一种隔离技术，如图 1-26 所示。

防火墙是在两个网络通信时执行的一种访问控制，它能允许用户"同意"的人和数据进入用户的网络，同时将用户"不同意"的人和数据拒之门外，最大限度地阻止网络中的黑客来访问用户的网络。

金山、360 等公司都提供免费的防火墙软件，安装防火墙软件后也应及时升级。

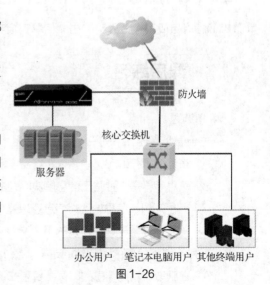

图 1-26

1.5.4　国产化替代

信息安全的前提是自主可控，国产化替代是信息安全的必经之路。国产化替代，指的是用国内企业生产的具有一定科技含量的产品替代国外企业生产的产品。

确保网络安全乃至国家安全的必经之路就是自主研发出安全可信的软硬件体系，解决缺芯少屏和受制于人的问题。目前我国在信息技术产业的各个细分领域，如数据库、操作系统、中间件、芯片等都有了一定的进展。但是面对现在的复杂形势，必须坚持自主创新，加快国产化替代步伐。

信息安全的前提是信息产品、关键核心技术设备和服务的自主可控。近年来，我国围绕发展安全可信、自主可控的软硬件体系，进行了一系列积极的探索。如在芯片方面，有手机消费级设备领域的麒麟芯片、服务器领域的鲲鹏芯片、人工智能领域的昇腾芯片；在服务器方面，浪潮天梭 TS860G3 是浪潮全新一代自主研发的高端八路服务器，采用高速互联设计，具备五大关键特性。我国只有坚持国产化替代的战略，才能在将来一步步实现安全可信、独立自主，才能确保我国真正意义上的信息安全。

模块小结

信息素养与社会责任对个人在行业内的发展起着重要作用。信息社会责任是指在信息社会中的个体在文化修养、道德规范和行为自律等方面应尽的责任。具备信息社会责任的人，在现实世界和虚拟空间中都能遵守相关法律法规，遵守信息社会的道德与伦理准则；具备较强的信息安全意识与防护能力，能有效维护信息活动中个人与他人的合法权益和公共信息安全；关注信息技术创新所带来的社会问题，对于信息技术创新所产生的新观念和新事物，能从社会发展、职业发展的视角进行理性的判断和负责的行动。

本模块介绍了信息素养与信息社会责任、信息技术、信息技术的发展史、计算机的发展史、计算机的特点与应用、计算机网络、信息安全与国产化替代等内容。

课后练习

一、单选题

1. 关于信息素养，下列说法不正确的是（　　　）。

　　A. 在信息素养的定义中体现了终身学习的理念

　　B. 信息素养是一种基于信息解决问题的综合能力和基本素质

　　C. 信息知识、信息伦理、信息意识是信息素养的重要基础

　　D. 信息素养属于信息检索的重要能力之一

2. 下列不属于信息伦理范畴的是（　　　）。

　　A. 在获取与利用信息的时候要尊重知识产权

  B. 在信息交流的过程中，注意保护别人的隐私信息

  C. 在检索过程中利用合适的检索方法与技巧

  D. 不使用信息暴力，尊重别人的知识成果

3. 关于终身学习，下列说法不正确的是（ ）。

  A. 终身学习能够使个体适应社会发展的需要

  B. 终身学习仅指毕业之后的学习

  C. 基于信息通过探究解决问题的过程也是终身学习的过程

  D. 终身学习是个体自身发展的需要

4. 计算思维概念由（ ）提出。

  A. 乔布斯   B. 周以真   C. 纽厄尔   D. 西蒙

5. 计算思维概念于（ ）年被提出。

  A. 2006   B. 2007   C. 2005   D. 2008

6. 下列不属于计算思维特性的是（ ）。

  A. 基础的、不是机械的技能   B. 数学和工程思维的互补与融合

  C. 是计算机的思维方式   D. 建立在计算机能力和限制之上

7. 支付宝的刷脸支付用到了（ ）技术。

  A. 语音识别   B. 指纹解锁   C. 人脸识别   D. 密码破解

8. 下列密码中最安全的是（ ）。

  A. 跟用户名相同的密码   B. 与身份证号后 6 位相同的密码

  C. 重复的 8 位数的密码   D. 10 位的综合型密码

9. 设计系统中的计算思维要求在设计系统时首先把（ ），以便能进行形式化的规范描述，然后再进行建立模型、设计算法和开发软件等后续工作。

  A. 数学问题转换成计算机问题   B. 实际问题抽象为计算机问题

  C. 复杂问题转换成简单问题   D. 动态演化系统抽象为离散符号系统

10. 常见的数据结构有（ ）。

  A. 数组（Array）   B. 栈（Stack）   C. 其他选项都是   D. 队列（Queue）

11. 下列关于数组的说法，错误的是（ ）。

  A. 数组元素之间在逻辑上和物理存储上都具有顺序性

  B. 数组元素的个数是有限的，各元素的数据类型可以不同

  C. 数组元素用下标表达逻辑上和物理存储上的顺序关系

  D. 一个数组的所有元素在内存中是连续存储的

12. 第 1 台电子计算机诞生于（ ）年。

  A. 1944   B. 1945   C. 1946   D. 1947

13. CPU 包括（ ）。

  A. 内存和控制器   B. 控制器和运算器

  C. 控制器、运算器和内存   D. 高速缓存和运算器

14. 1KB 等于（　　）字节。

    A. 1024　　　　　　　B. 64　　　　　　　C. 32　　　　　　　D. 2048

15. 在 ASCII 表中一个英文字母占（　　）字节。

    A. 2个　　　　　　　B. 8个　　　　　　　C. 1个　　　　　　　D. 16个

16. 在计算机应用中，（　　）是研究用计算机模拟人类的某些智能行为，如感知、推理、学习等方面的理论和技术。

    A. 辅助设计　　　　　B. 数据处理　　　　　C. 人工智能　　　　　D. 实时控制

17. 二进制数 11111110 转换成十进制数是（　　）。

    A. 251　　　　　　　B. 252　　　　　　　C. 253　　　　　　　D. 254

18. Num Lock 是带指示灯的数字锁定键，当指示灯亮时，表示（　　）。

    A. 数字键有效　　　　　　　　　　　　　　B. 光标键有效

    C. 数字键、光标键都有效　　　　　　　　　D. 数字键、光标键都无效

19. 大容量并能永久保存数据的存储器是（　　）。

    A. 外存储器　　　　　B. ROM　　　　　　C. RAM　　　　　　D. 内存储器

20. 鼠标属于（　　）。

    A. 输入设备　　　　　B. 输出设备　　　　　C. 存储器　　　　　　D. 动态随机存储器

21. 将运算器、控制器和一个或多个寄存器组在一起，人们常将其称为（　　）。

    A. ROM　　　　　　　B. RAM　　　　　　C. CPU　　　　　　D. 硬盘

22. 高级语言编写的源程序需经（　　）翻译成目标程序，计算机才能执行。

    A. 解释语言　　　　　B. 汇编语言　　　　　C. 编译语言　　　　　D. 目标语言

23. 计算机病毒的目的是（　　）。

    A. 损坏硬件设备　　　　　　　　　　　　　B. 干扰系统、破坏数据

    C. 危害人体健康　　　　　　　　　　　　　D. 缩短程序的运行时间

24. 计算机是采用（　　）的计数方法进行设计的。

    A. 十进制　　　　　　B. 二进制　　　　　　C. 八进制　　　　　　D. 十六进制

25. 显示器是最常见的（　　）。

    A. 微处理器　　　　　B. 输出设备　　　　　C. 输入设备　　　　　D. 存储器

26. 以存储程序原理为基础的计算机结构是由（　　）最早提出的。

    A. 冯·诺依曼　　　　　B. 布尔　　　　　　　C. 卡诺　　　　　　　D. 图灵

27. 计算机病毒是一个（　　）。

    A. 生物病毒　　　　　B. DOS 命令　　　　　C. 硬件设备　　　　　D. 程序

28. 世界上第一台电子计算机诞生于 20 世纪（　　）年代。

    A. 20　　　　　　　　B. 30　　　　　　　　C. 40　　　　　　　　D. 50

29. 在计算机内，多媒体数据最终以（　　）形式存在。

    A. 模拟数据　　　　　B. 二进制数据　　　　C. 特殊的压缩码　　　　D. 图形

30. 计算机系统是由（ ）组成的。

    A. 硬件系统   B. 软件系统

    C. 硬件系统和软件系统   D. 硬件系统和使用者

31. 网络安全具有（ ）等主要特性。

    A. 保密性、完整性、可用性、可控性、可否认性

    B. 保密性、完整性、可用性、不可控性、可否认性

    C. 保密性、完整性、可用性、可控性、不可否认性

    D. 保密性、完整性、不可用性、可控性、可否认性

32. 网络安全主要指（ ）。

    A. 信息内容安全   B. 信息系统安全   C. 信息传播安全   D. 其他选项都是

33. 因特网上的每一台主机都必须有一个唯一的地址，这个地址是（ ）。

    A. 本机地址   B. 住房地址   C. 邮寄地址   D. IP 地址

34. 以下关于 IP 地址和因特网域名关系的说法，正确的是（ ）。

    A. 一个 IP 地址只能对应一个域名   B. 一个 IP 地址可以对应多个域名

    C. IP 地址和域名没有关系   D. 多个 IP 地址可以对应一个域名

35. 当你感觉到你的 Windows 运行速度明显减慢，打开任务管理器后发现 CPU 的使用率达到了百分之百时，你认为你最有可能受到了（ ）攻击。

    A. 欺骗   B. 拒绝服务   C. 特洛伊木马   D. 节点攻击

二、简答题

1. 信息技术由人类社会发展形成，并随着科学技术的进步而不断地变革，至今发生过 5 次革命，请简述这 5 次革命。

2. 计算机的发展有哪几个阶段？

3. 信息安全包括哪些方面？

4. 简述现代社会的信息素养。

5. 计算机有哪些用途和特点？

6. 计算机的 ROM 和 RAM 有什么区别？

7. 计算机的常用外部设备包括哪些？

8. 什么叫计算机的位、字、字长、字节？

9. 什么是计算机病毒？

10. 简述国产化替代的重要性。

三、操作题

1. 下载 360 安全卫士和 360 杀毒软件，并安装使用。

2. 把 123.45 转化为二进制数、八进制数和十六进制数。

3. 班级组织中秋游园活动。请你通过因特网搜索并参考相关的信息，编写一份活动方案，然后通过电子邮件将其发送给班委成员。

模块2
Windows 10操作系统与
信息检索

学习导读

　　操作系统（Operating System，OS）是计算机软件系统的核心控制软件，也是最基本的系统软件，它可以被看成是计算机硬件和应用软件的接口。学习计算机首先要学习操作系统的使用，微软公司出品的 Windows 10 是目前使用很广泛的一种操作系统，它不但功能强大，而且界面美观、操作简便。信息检索是人们查询和获取信息的主要方式，是查找信息的方法和手段。掌握网络信息的高效检索方法，是现代信息社会对高素质技术技能人才的基本要求。

学习目标

- 知识目标：了解操作系统的定义、功能、组成及分类，熟悉 Windows 10 的基本概念和常用术语，如桌面、窗口、文件、文件夹、扩展名等，熟悉信息检索的定义和基本流程。
- 能力目标：掌握 Windows 10 的基本操作和应用。掌握常用软件的下载、安装和使用。掌握常用搜索引擎的搜索方法。掌握通过专用平台进行信息检索的方法。
- 素质目标：提升信息技术学科素养。掌握通过计算机获取有用的信息，并利用信息解决生活、学习和工作中实际问题的能力。培养团队协作精神，通过信息共享，实现信息的更大价值。

相关知识——Windows 10

模块 2　操作系统
与信息检索

　　当前，个人计算机基本可以分为两大类，基于 Intel 公司 CPU 和微软公司 Windows 操作系统的 Wintel 系列个人计算机、基于 Intel 公司 CPU 和苹果公司 mac OS 的 Apple 系列个人计算机。

　　从用户界面上来分，计算机操作系统可分为字符界面和图形界面两种。DOS 是基于字符界面的操作系统，DOS 中的所有操作都是通过文字形式的命令来实现的，对用户的要求较高。而 Windows 是基于图形界面的操作系统，因其直观、形象的用户界面，简单的操作方法，深受用户喜欢，是目前应用非常广泛的一种操作系统。

2.1 操作系统简介

1. 操作系统的定义

操作系统是指控制和管理整个计算机系统的硬件和软件资源，合理地组织、调度计算机的工作和资源，并为用户和其他软件提供方便接口和环境的程序软件和集合。操作系统能够最大限度地提高资源利用率，为用户提供全方位的使用功能和方便友好的使用环境。

2. 操作系统的功能

操作系统负责控制和管理计算机的全部资源。按照资源的类型，操作系统可分为五大功能模块。

（1）CPU 管理

此模块的作用是让 CPU 充分发挥作用，使 CPU 按一定策略轮流为某些程序或某些外设服务。其主要任务就是对 CPU 资源进行分配，并对其运行状态进行有效的控制和管理。

（2）存储管理

存储管理的主要任务是为程序运行提供良好的存储环境，也方便用户使用存储器，提高各类存储器的利用率。存储管理具有存储分配、内存保护、内存回收、地址映射和内存扩充等功能。

（3）输入 / 输出设备管理

输入 / 输出（Input/Output，I/O）指一切操作、程序或设备与计算机之间发生的数据传输过程。输入 / 输出设备管理的基本任务是按照程序的需要或用户的要求，根据特定的算法来分配、管理各类输入 / 输出设备，以保证系统有条不紊地工作。

（4）作业管理

作业指用户在一次运算过程中要求计算机系统所做工作的集合。作业管理包括作业调度和作业控制。良好的作业管理能够有效地提高系统运行的效率。

（5）文件管理

计算机中的信息是以文件形式存放在外存中的。文件管理的主要任务是对用户文件和系统文件进行管理，以方便用户使用，并保证文件的安全和可靠。文件管理的常规操作包括新建或打开、重命名、复制或移动、删除或还原、压缩和解压、修改属性设置等。

3. 操作系统的分类

随着计算机技术的迅速发展和计算机在各行各业的广泛应用，人们对操作系统的功能、应用环境和使用方式等提出了不同的要求，从而逐渐形成了不同类型的操作系统。根据操作系统的使用环境和提供的功能的不同，可将操作系统分为以下几种类型。

（1）批处理操作系统

批处理是指用户将一批作业提交给操作系统后就不再干预，由操作系统控制它们自动运行。这种采用批量处理作业技术的操作系统称为批处理操作系统（Batch Processing Operating System，BPOS）。批处理操作系统分为单道批处理操作系统和多道批处理操作系统。其特点为不具有交互性，但 CPU 利用率高。

（2）分时操作系统

分时操作系统（Time-sharing Operating System，TSOS）是指在一台主机上连接多个终端，多个用户共用一台主机，即多用户操作系统。分时操作系统把 CPU 及计算机其他资源在时间上分割成一个个"时间片"，分给不同的用户轮流使用。由于时间片很短，CPU 在用户之间转换得非常快，因此用户会觉得计算机只在为自己服务。其特点为多路性、独立性、交互性、及时性。

（3）实时操作系统

实时操作系统（Real Time Operating System，RTOS）以加快响应时间为目标，对随机发生的外部事件进行及时的响应和处理。实时操作系统首要考虑的是实时性，然后才是效率。其特点为及时性、高可靠性、有限的交互能力。

（4）网络操作系统

网络操作系统（Network Operating System，NOS）是为网络用户提供所需各种服务的软件和有关规程的集合。其目的是让网络上各计算机能方便、有效地相互通信和共享资源。其提供网络通信、共享管理、电子邮件的发送和接收、文件传输、远程登录等服务。

（5）分布式操作系统

分布式操作系统（Distributed Operating System，DOS）是为分布式计算系统配置的操作系统，其中的大量计算机通过网络连接在一起，可以获得极强的运算能力及广泛的数据共享功能。其特点为透明、可靠和高性能。

（6）个人计算机操作系统

个人计算机操作系统（Personal Computer Operating System，PCOS）是一种人机交互的多用户多任务操作系统，用户管控计算机的全部资源，且允许切换用户。常用的有 DOS、Windows、UNIX 和 Linux。其特点为接口丰富、功能强大。

Microsoft Windows 操作系统是美国微软公司研发的一套操作系统，它于 1985 年推出，采用了图形用户界面（Graphical User Interface，GUI）。随着版本的不断升级，应用拓展和个性化服务日益丰富，尤其是 Windows 多语版的发布，使其风靡全球。Windows 操作系统从最早的 Windows 1.0 到如今的 Windows 11，蓬勃发展历时 30 余年，如图 2-1 所示。

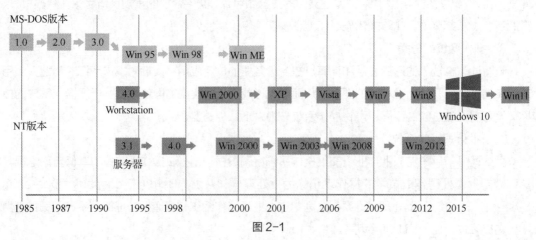

图 2-1

2.2　Windows 10 的启动与退出

1．Windows 10 的启动

打开计算机显示器和机箱开关，计算机进行开机自检后出现欢迎界面，根据系统的用户数，分为单用户登录和多用户登录，单击需要登录的用户名，如果有密码，输入正确的密码后按【Enter】键，即可进入系统。

2．Windows 10 的退出

要退出 Windows 10，不能直接关闭电源。Windows 10 提供了关机、睡眠、锁定、注销和切换用户等方式来退出系统，用户可以根据自己的需要来进行选择。

（1）关机

使用完计算机要正常关机并退出系统。保存文件或数据后，关闭所有打开的应用程序，单击屏幕左下角的"开始"按钮，打开"开始"屏幕，单击"电源"按钮，如图 2-2 所示，在弹出的菜单中选择"关机"命令，成功关闭计算机后，再关闭显示器的电源。

图 2-2

（2）睡眠

Windows 10 提供了睡眠待机模式，它的特点是进入睡眠状态时计算机的电源是打开的，当前系统的状态会保存下来，但是显示器和硬盘都停止工作；当需要再次使用计算机时，唤醒计算机就可进入睡眠之前的状态，这样可以在暂时不使用计算机时起到省电的效果。进入这种模式的方法是单击"开始"按钮，打开"开始"屏幕，单击"电源"按钮，在弹出的菜单中选择"睡眠"命令。

（3）锁定

当用户暂时不使用计算机但又不希望别人查看时，可以使用计算机的锁定功能。实现锁定的操作方法是打开"开始"屏幕，单击用户头像，在展开的菜单中选择"锁定"命令。当需要再次使用计算机时，输入用户密码即可进入系统。

（4）注销

Windows 10 提供了多个用户共同使用计算机操作系统的功能，每个用户可以拥有自己的工作环境，当用户使用完需要退出系统时可以通过"注销"命令退出系统环境。实现注销的操作方法是打开"开始"屏幕，单击用户头像，在展开的菜单中选择"注销"命令。

（5）切换用户

这种方式使用户之间能够快速地进行切换，使当前用户退出系统并回到用户登录界面。实现用户切换的操作方法是打开"开始"屏幕，单击用户头像，在弹出的菜单中选择相应的用户。

3. 鼠标的操作

启动 Windows 10 后，屏幕上出现一个空心的箭头，这便是鼠标指针。鼠标指针跟随鼠标的移动而移动，鼠标的形状随着操作位置和需要进行的操作而改变。指针形状不同，含义也不同，常见的鼠标指针形状及其含义如图 2-3 所示。在个性化主题中，可以设置鼠标指针的形状方案，如图 2-4 所示。

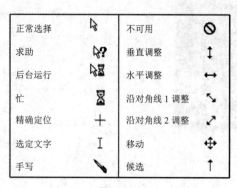

图 2-3

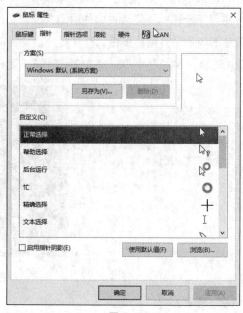

图 2-4

常见的鼠标有左键和右键，部分鼠标中间还有一个滚轮。鼠标的基本操作有移动、单击、双击、右击和拖放等，介绍如下。

- 移动是指移动鼠标，使鼠标指针指向某个对象的操作。
- 单击是指鼠标指针在某个对象上时，用手指快速按下鼠标左键并立即释放。
- 双击是指用手指迅速而连续地进行两次单击。
- 右击是指鼠标指针在屏幕上的某个位置或某个对象上时，用手指快速按下鼠标右键，然后立即释放。鼠标在特定的对象上右击时，会弹出快捷菜单。
- 拖放是指鼠标指针指向某个对象时，按住鼠标左键不放，然后移动鼠标指针到特定的位置后释放鼠标左键。
- 滚动是指滚动滚轮。

2.3 Windows 10 桌面

用户登录 Windows 10 之后，即可看到系统桌面。桌面包括图标、背景和任务栏等主要部分，如图 2-5 所示。

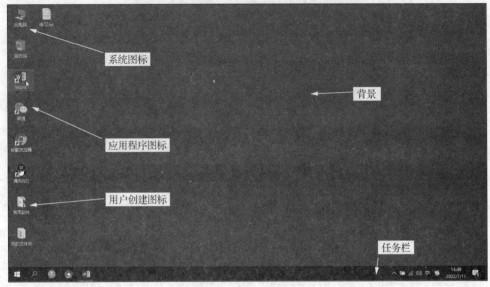

图 2-5

1. 图标

在 Windows 10 的桌面上，用户可以双击图标来快速打开文件、文件夹或应用程序，图标包括系统图标（如此电脑、回收站）、应用程序图标（如 Word）、文件和文件夹图标等。

- 此电脑。此电脑是一个用于管理计算机资源的程序，用户通过该程序可以实现对计算机硬盘驱动器、文件夹和文件的管理，在其中用户可以访问计算机的硬盘驱动器、照相机、扫描仪和其他硬件以及有关信息。

- 回收站。回收站暂时存放着用户已经删除的文件或文件夹等信息，当用户还没有清空回收站时，可以还原删除的文件或文件夹。

右击桌面的空白处，弹出快捷菜单，如图 2-6 所示，通过快捷菜单，可以对桌面的图标进行不同方式的查看及排序操作等。

2. "开始"屏幕

"开始"按钮位于计算机屏幕的左下角，单击"开始"按钮（组合键为【Windows】），弹出"开始"屏幕，如图 2-7 所示。

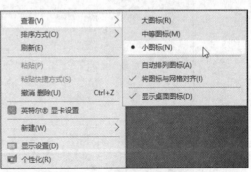

图 2-6

图 2-7

（1）开始屏幕的组成

"开始"屏幕包括系统功能按钮、程序列表和磁贴 3 个区域。

- 系统功能按钮区域包含用户管理、文档、图片、设置和电源等多个控制按钮。
- 程序列表区域以列表形式显示当前计算机中所安装的全部应用程序，用户可以在程序列表中快速查找所需要的应用程序。
- 磁贴区域以磁贴的形式容纳快捷方式，磁贴可以通过拖放进行分类和管理。

（2）设置"开始"屏幕

设置"开始"屏幕的属性，改变"开始"屏幕的宽度和高度，可以通过鼠标拖动屏幕的边缘来完成。调整"开始"屏幕内容的操作步骤如下。

- 单击"开始">"设置"按钮，弹出"设置"窗口。
- 单击"个性化"按钮，打开"个性化"设置界面，单击界面左侧的"开始"按钮，界面右侧就显示"开始"设置选项，如图 2-8 所示。
- 单击"选择哪些文件夹显示在'开始'菜单上"链接，打开"选择哪些文件夹显示在'开始'菜单上"窗口，如图 2-9 所示，然后根据需求进行配置即可。

图 2-8

图 2-9

如果需要将程序固定到磁贴区域，操作方法为在程序列表区域中找到程序图标并右击，弹出快捷菜单，选择"固定到'开始'屏幕"命令。把程序固定到磁贴区域后，可以调整磁贴中程序的大小、位置，还可以取消磁贴操作等。

3. 任务栏

任务栏位于桌面的底部，主要由"开始"按钮、搜索框、"Cortana"按钮、快速启动区、任务视图、中间部分、语言栏、系统提示区和通知区等部分组成。Windows 10 的任务栏相较于之前有了很大创新，用户使用起来更为方便灵活。如图 2-10 所示。

图 2-10

在任务栏中"开始"按钮用于打开"开始"屏幕，以启动大部分的应用程序；搜索框用于搜索需要的内容；"Cortana"按钮又称"小娜"，是 Windows 10 新增的功能，可以帮助用户在计算机上查找资料、管理日历、跟踪程序包、查找文件等；单击快速启动区的程序图标可以快速打开相应程序；任务视图显示已经打开的程序或文档的缩略图，单击相应的窗口就可以将其作为当前窗口；中间部分默认以大图标方式显示已打开的程序或文档，将鼠标指针移到任务栏中的程序图标上可以预览对应窗口中的内容，并且能够实现各窗口之间的快速切换；语言栏用来选择和设置输入法；系统提示区用于显示系统音量、网络及系统时间等；通知区显示一些特定程序和计算机设置状态的图标。

任务栏的操作包括锁定和解锁任务栏、显示和隐藏任务栏等。操作方法为在任务栏的空白处右击，弹出快捷菜单，如图 2-11 所示。选择"任务栏设置"命令，打开"任务栏"设置窗口，如图 2-12 所示。按要求设置选项开关即可。默认情况下，通知区在任务栏的右侧，包括一些程序图标和时钟、音量、网络、操作中心、输入法等系统图标，通过"任务栏"设置窗口也可以设置这些图标的显示和隐藏。

图 2-11

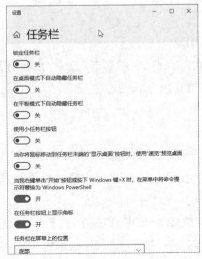

图 2-12

4．个性化设置

单击"开始"按钮，打开"开始"屏幕。然后单击"设置"按钮，打开"设置"窗口。最后单击"个性化"按钮，打开"个性化"设置界面，如图 2-13 所示。

"个性化"设置界面中有多个选项，单击"背景"按钮，可以设置桌面的壁纸，如图 2-14 所示。单击"颜色"按钮，能够设置菜单文件夹的主题颜色等。单击"锁屏界面"按钮，能够设置计算机锁屏时的背景图片，还能够设置待机时间等。单击"主题"按钮，能够设置桌面图标、声音方案和鼠标指针的显示等。单击"字体"按钮能够添加字体。单击"开始"按钮，能够设置菜单的显示状态。单击"任务栏"按钮，能够设置计算机下方任务栏的显示状态。

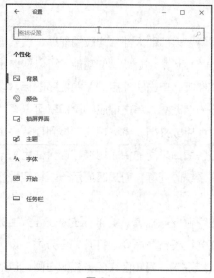

图 2-13

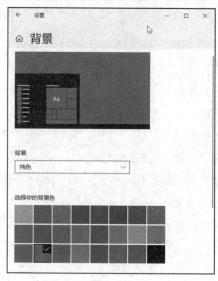

图 2-14

2.4 Windows 10 的窗口

1．窗口的组成

窗口是 Windows 10 的基本对象，是用于查看应用程序或文件等信息的一个矩形区域。Windows 10 的窗口一般由地址栏、选项卡、快速访问工具栏、搜索栏、工作区域组成，如图 2-15 所示。

（1）地址栏

地址栏用于输入文件的地址。用户可以通过下拉列表选择地址，方便、快速地访问本地或网络中的文件夹；也可以直接在地址栏中输入网址，访问互联网。

（2）选项卡

选项卡中存放着常用的操作按钮。在 Windows 10 中，选项卡中的按钮会根据查看的内容不同而有所变化。通过"查看"选项卡"布局"组中的按钮可以调整图标的显示大小，如图 2-16 所示。

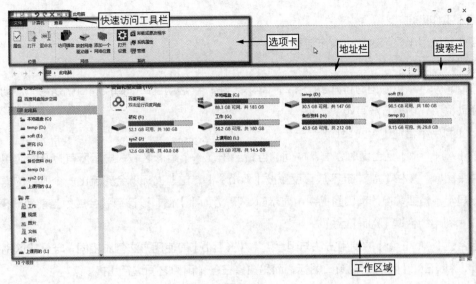

图 2-15

图 2-16

（3）快速访问工具栏

快速访问工具栏中的工具包括撤销、恢复、删除、属性、新建文件夹和重命名等，如图 2-17 所示。

图 2-17

（4）搜索栏

在 Windows 10 中，随处可见类似的搜索栏，这些搜索栏具备动态搜索功能，即当用户输入关键字的一部分时，搜索就已经开始。随着输入的关键字增多，搜索的结果会被反复筛选，直到用户搜索到需要的内容。

（5）工作区域

工作区域用于显示对象和操作结果。

2. 窗口的切换

Windows 10 可以同时打开多个窗口，但只能有一个活动窗口。切换窗口就是将非活动窗口变成活动窗口，切换方法有如下 3 种。

（1）利用组合键【Alt+Tab】

按【Alt+Tab】组合键时，屏幕中间的位置会出现一个矩形区域，显示所有打开的应用程序和文件夹图标。按住【Alt】键不放，反复按【Tab】键，这些图标就会轮流由一个蓝色的框包围而突出显示。当要切换的窗口图标突出显示时，释放【Alt】键，该窗口就会成为当前活动窗口。

（2）利用组合键【Alt+Esc】

组合键【Alt+Esc】的使用方法与组合键【Alt+Tab】的使用方法基本相同，唯一的区别是按组合键【Alt+Esc】不会出现窗口图标，而是直接在各个窗口之间进行切换。

（3）利用程序图标

每运行一个程序，在任务栏中就会出现一个相应的程序图标，单击程序图标可以切换到相应的程序窗口。

3. 窗口的操作

在 Windows 10 中，可以对窗口进行打开、移动、缩放、关闭、最大化及最小化等操作。

窗口的大部分操作可以通过窗口菜单来完成。单击窗口左上角的按钮就可以打开图 2-18 所示的菜单，选择要执行的命令。此外，也可以单击窗口右上角的按钮完成对窗口的操作。

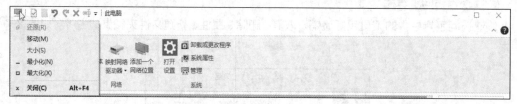

图 2-18

在桌面上所有打开的窗口可以采取层叠或平铺的方式进行排列，方法是在任务栏的空白处右击，在弹出的快捷菜单中选择相应命令。

2.5 文件与文件夹

操作系统在管理计算机中的软、硬件资源时，一般都将数据以文件的形式存储在硬盘上，并以文件夹的方式对计算机中的文件进行管理，以便用户使用。

1. 文件

文件是一组赋名的相关联字符流的集合或者是相关联记录的集合，是计算机管理的最基本单位。为了识别与管理文件，必须对文件命名。文件名称由主文件名与扩展名两部分组成，主文件名表示文件名称，扩展名表示文件类型。一般情况下，主文件名与扩展名之间用"."分隔。

（1）文件的命名规则

文件的主文件名由用户设置，扩展名由系统认定，命名文件要遵守以下规则。

- 文件名称不得超过 255 个英文字符，如果使用中文字符，则不能超过 127 个汉字。

- 文件名称除了开头之外，任何地方都可以使用空格。

- 文件名称中不能含有 "？" "、" "/" "\" "*" "<" ">" "|" 等字符。

（2）扩展名的类型

常见文件类型及其对应的扩展名如下。

- 文档文件：txt、doc、hlp、wps、rtf、html、pdf。

- 压缩文件：rar、zip、arj、gz、z。

- 图形文件：bmp、gif、jpg、pic、png、tif。

- 声音文件：wav、aif、au、mp3、ram、wma、mmf、amr、aac、flac。

- 动画文件：avi、mpg、mov、swf。

- 系统文件：int、sys、dll、adt。

- 可执行文件：exe、com。

- 语言文件：c、asm、for、lib、lst、msg、obj、pas、wki、bas、java。

- 映像文件：map。

- 备份文件：bak。

- 临时文件：tmp。

- 模板文件：dot。

- 批处理文件：bat、cmd。

2. 文件夹

文件夹是操作系统中用来存放文件的工具。文件夹中可以包含文件夹和文件，但在同一个文件夹中不能存放名称相同的文件或文件夹。文件夹的命名规则和文件的命名规则相同，为方便对文件进行有效管理，经常将同一类的文件放在同一个文件夹中，如图 2-19 所示。

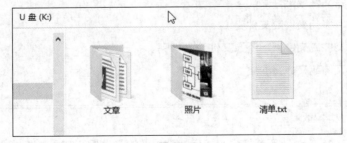

图 2-19

3. 路径

每个文件或文件夹都存放在计算机的某个位置。从盘符到文件的位置称为路径，其中盘符、文件夹和文件都使用 "\" 进行分隔。路径分为相对路径和绝对路径，其中绝对路径是指文件存放的绝对位置，如文件 system.ini 的绝对路径就是 "C:\windows"。

任务实践

【任务 1】 文件管理：文件与文件夹的操作

任务描述

用户小张在使用计算机时，随意地命名和存放自己的文件，后来想找个文件很困难。小张决定重新学习文件管理技巧，对自己的计算机中的文件进行有序的管理。

任务分解

分析上面的工作情境得知，我们需要完成下列任务：

- 文件的管理：新建、删除、移动、复制和重命名文件。
- 文件夹的管理：新建、删除、移动、复制和重命名文件夹。

任务目标

- 学会使用工具栏中的命令按钮。
- 学会使用操作对象的快捷菜单。
- 学会使用资源管理器和"此电脑"窗口。
- 学会使用菜单中的发送方式。
- 学会使用组合键。
- 学会选择文件或文件夹。
- 学会创建文件或文件夹、创建文本文档。
- 学会重命名文件或文件夹。
- 学会复制、移动文件或文件夹。
- 学会删除文件或文件夹、还原文件或文件夹。
- 学会改变文件或文件夹的属性。

示例演示

计算机中的文件或文件夹不断增多，如何找到想要的文件是个麻烦事情，这就需要用户对文件夹或文件进行有效的管理。有效管理计算机中的文件夹或文件的方法如下。

- 对文件夹的总体结构和层次进行设计，根据日常使用习惯分类管理，并设置详细的子文件夹。
- 为文件夹命名时文件夹名称要明确，符合习惯；给文件夹编序号，常用文档的编号要小，排列在前面。
- 为文件夹或文件命名时，如果和时间有关，可以加上时间作为前缀或者后缀。

- 善用 Windows 10 的搜索功能，注意使用通配符或者连续关键字查询的方法和技巧。另外，如果明确文件在某个文件夹下就不要全盘搜索，节省时间。

在本任务中，创建一个记录小张工作和生活的文件夹，如图 2-20 所示，并丰富其内容。

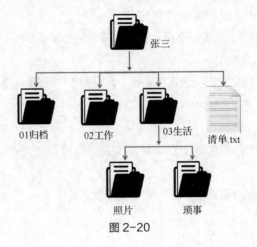

图 2-20

任务实现

完成"文件管理：文件与文件夹的操作"任务，掌握每个步骤对应的知识技能。

步骤 1：选择文件或文件夹

在 Windows 10 中，有一个规则是"先选定，后操作"，意思是先选定要操作的对象，再对选定的对象进行操作。操作前需要选定操作对象，被选定的文件或文件夹突出显示，如图 2-21 所示。

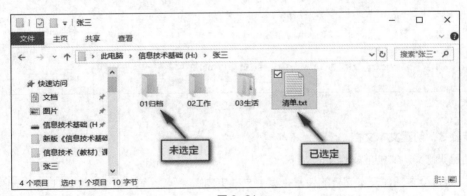

图 2-21

选择文件或文件夹有多种情况，不同情况下的操作方法分别如下。

（1）选择单个文件或文件夹

单击所需的文件或文件夹即可将其选定。

（2）选择连续排列的多个文件或文件夹

先单击第一个文件或文件夹，然后按住【Shift】键不放，再单击最后一个文件或文件夹。

（3）选择不连续排列的多个文件或文件夹

先单击第一个文件或文件夹，然后按住【Ctrl】键不放，再依次单击要选择的其他文件或文件夹。

（4）选择当前文件夹中的全部文件或文件夹

选择"主页">"选择">"全部选择"命令，或按组合键【Ctrl+A】。

（5）反向选择文件或文件夹

先选定不需要的文件或文件夹，选择"主页">"选择">"反向选择"命令，这样可以方便地选择除个别文件或文件夹以外的所有文件或文件夹。

（6）取消选定

按住【Ctrl】键不放，再单击某个已选定的文件或文件夹，即可取消对该文件或文件夹的选定。

单击文件或文件夹列表外任意空白处，可取消全部选定。

步骤 2：创建文件夹

创建新文件夹的操作步骤如下。

- 定位至要新建文件夹的位置（某个文件夹内）。
- 选择"主页">"新建">"新建文件夹"命令，如图 2-22 所示，或右击，在弹出的快捷菜单中，选择"新建">"文件夹"命令，即可新建一个文件夹。
- 在新建文件夹的名称文本框中输入文件夹的名称后，按【Enter】键或单击其他地方。

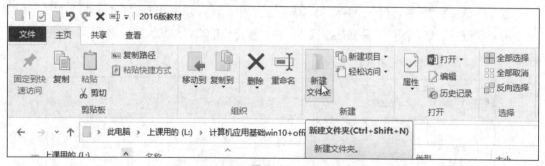

图 2-22

步骤 3：创建文本文档

创建新的文本文档的操作步骤如下。

- 定位至要新建文本文档的位置（某个文件夹内）。
- 在空白区域右击，在弹出的快捷菜单中，选择"新建">"文本文档"命令，如图 2-23 所示，即可新建一个文本文档。
- 在新建的文本文档的名称文本框中输入文件的名称后，按【Enter】键或单击其他地方。

利用"记事本"程序创建文本文档的方法是，选择"开始">"程序列表">"Windows 附件">"记事本"命令，即可打开记事本程序。在"记事本"窗口中，输入合适的内容，如图 2-24 所示，然后保存并关闭。

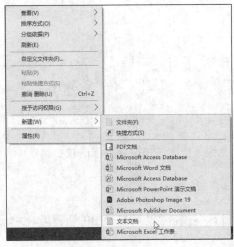

图 2-23

图 2-24

步骤 4：重命名文件或文件夹

更改文件或文件夹名称的操作称为重命名，重命名文件或文件夹的操作步骤如下。

- 选择要重命名的文件或文件夹。
- 选择"主页">"新建">"重命名"命令，或右击，在弹出的快捷菜单中，选择"重命名"命令。
- 这时文件或文件夹的名称将处于编辑状态（蓝底反白显示），用户可直接输入新的名称进行重命名操作。

还有一种重命名方法，即先选择要重命名的文件或文件夹，再单击文件或文件夹名称，使其处于编辑状态，然后输入新的名称。

步骤 5：复制文件或文件夹

利用"此电脑"或者资源管理器都可以进行文件或文件夹的复制操作，操作步骤如下。

（1）使用资源管理器

- 选定要复制的文件或文件夹。
- 选择"主页">"组织">"复制到"命令，打开"复制到"列表，单击目标位置，如果列表中没有目标位置，选择"选择位置"命令，可选择列表中没有的位置。

（2）使用"复制""粘贴"命令

- 选定要复制的文件或文件夹。
- 选择"主页">"剪贴板">"复制"命令，或者右击，在弹出的快捷菜单中，选择"复制"命令；或者按组合键【Ctrl + C】。
- 选定目标位置。
- 选择"主页">"剪贴板">"粘贴"命令，或者右击，在弹出的快捷菜单中，选择"粘贴"命令；或者按组合键【Ctrl + V】。

步骤 6：移动文件或文件夹

利用"此电脑"或者资源管理器都可以进行文件或文件夹的移动操作，操作步骤如下。

（1）使用资源管理器

- 选定要移动的文件或文件夹。
- 选择"主页">"组织">"移动到"命令，打开"移动到"列表，单击目标位置，如果列表中没有目标位置，选择"选择位置"命令，可选择列表中没有的位置。

（2）使用"剪切""粘贴"命令

- 选定要移动的文件或文件夹。
- 选择"主页">"剪贴板">"剪切"命令，或者右击，在弹出的快捷菜单中，选择"剪切"命令；或者按组合键【Ctrl + X】。
- 选定目标位置。
- 选择"主页">"剪贴板">"粘贴"命令，或者右击，在弹出的快捷菜单中，选择"粘贴"命令；或者按组合键【Ctrl + V】。

复制和移动操作使用的命令如图 2-25 所示。

图 2-25

步骤 7：隐藏文件或文件夹

可以将存放在计算机中的一些重要文件隐藏起来，其操作步骤如下。

- 选定要隐藏的文件或文件夹。
- 选择"主页">"打开">"属性"命令，或者右击，在弹出的快捷菜单中，选择"属性"命令，打开"属性"对话框。
- 在"属性"对话框中勾选"隐藏"复选框，单击"确定"按钮，如图 2-26 所示。
- 勾选"查看">"显示/隐藏">"隐藏的项目"复选框，如图 2-27 所示，即可完成隐藏项目的显示或隐藏。

图 2-26

图 2-27

步骤 8：删除文件或文件夹

文件或文件夹不需要时，应该将其删除，其操作步骤如下。

- 选定要删除的文件或文件夹。

- 选择"主页" > "组织" > "删除"命令，或者右击，在弹出的快捷菜单中，选择"删除"命令，或者按【Delete】键。

- 删除的文件或文件夹被移动到回收站，如图 2-28 所示。回收站其实也是一个文件夹，清空回收站才是真正在计算机中将其彻底删除。还原回收站中的文件，可以将其还原到原来的位置。

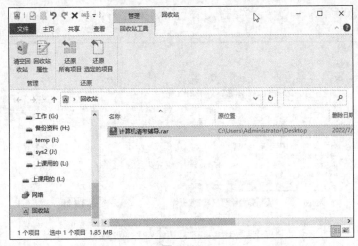

图 2-28

步骤 9：搜索文件

Windows 10 提供通过文件资源管理器搜索文件或文件夹的方法，操作步骤如下。

- 选定需要搜索文件或文件夹的位置（某个文件夹）。

- 在"此电脑"窗口的搜索框中输入要查找的关键字。

- 输入完成，系统自动搜索，可以看到窗口中列出搜索结果，如图 2-29 所示。

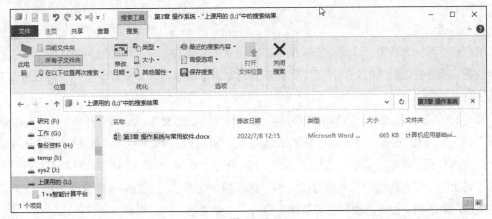

图 2-29

能力拓展

文件或文件夹都是存放在磁盘上的，对磁盘的操作也很重要，还需要掌握的拓展知识如下。

（1）格式化磁盘

硬盘的各个分区可以用盘符和卷标来表示其具体的分类和含义。新购置的计算机可能只有 C 盘一个分区，将磁盘划分成多个分区的操作步骤如下。

- 打开"此电脑"窗口，选择"文件"＞"系统"＞"管理"命令，打开"计算机管理"窗口。
- 在"计算机管理"窗口中，选择"磁盘管理"选项，右击 C 盘并选择"压缩卷"命令，如图 2-30 所示。通过合适的配置，即可得到其他分区。

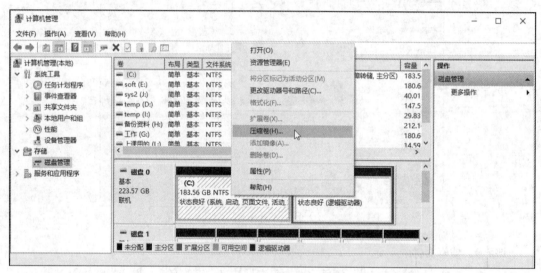

图 2-30

在资源管理器中，选择其他分区，如右击 D 盘，在弹出的快捷菜单中，选择"格式化"命令，打开"格式化"对话框，如图 2-31 所示，即可格式化 D 盘。格式化后，D 盘中的资源彻底被清除。

（2）清理磁盘

用户在使用计算机进行读写与安装操作时，会留下大量的临时文件和没用的文件，不仅占用磁盘空间，还会降低系统的处理速度，因此需要定期清理磁盘，以释放磁盘空间。可通过以下两种方法清理磁盘。

第 1 种：清理 C 盘中已下载的程序文件和 Internet 临时文件。选择"开始"＞"Windows 管理工具"＞"磁盘管理"命令，打开"磁盘清理：驱动器选择"对话框。在对话框中选择需要进行清理的 C 盘，单击"确定"按钮，如图 2-32 所示，系统计算可以释放的空间后打开"磁盘清理"对话框，在对话框的"要删除的文件"列表框中勾选"已下载的程序文件"和"Internet 临时文件"复选框。也可以使用快捷菜单，打开"磁盘清理"对话框。

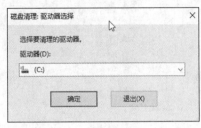

图 2-31   图 2-32

第 2 种：整理磁盘碎片。选择"开始">"Windows 管理工具">"碎片整理和优化驱动器"命令，打开"优化驱动器"窗口。选择需要优化的驱动器 C 盘，如图 2-33 所示，单击"优化"按钮。也可以使用快捷菜单，打开"优化驱动器"窗口。

（3）库

在 Windows 10 中，库的功能类似于文件夹，但它只是提供管理文件的索引，即用户可以通过库来直接访问文件，而不需要通过保存文件的位置去查找文件，文件并没有真正地被存放在库中。Windows 10 中自带了视频、图片、音乐和文档等多个库，用户可将常用的文件资源添加到库中，也可以根据需要新建库。例如，创建一个工作库，如图 2-34 所示。

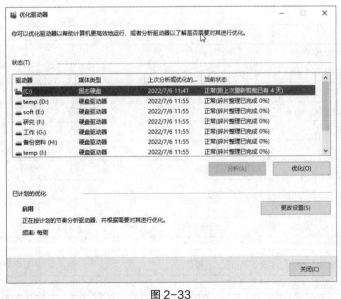

图 2-33   图 2-34

（4）控制面板

在 Windows 10 中，控制面板可以说是计算机操作的控制中心，基本所有的设置选项都可以在控制面板中找到。用户可以按照自己的习惯配置 Windows 10 的系统环境。选择"开始"＞"Windows 系统"＞"控制面板"命令，打开"控制面板"窗口，如图 2-35 所示。

图 2-35

任务考评

【文件管理：文件与文件夹的操作】考评记录

学生姓名			班级		任务评分	
实训地点			学号		完成日期	
任务实现步骤	序号		考核内容		标准分	评分
任务实现步骤	文本文档操作 25 分		新建文本文档、录入要求内容、保存至要求的位置并命名		25	
任务实现步骤	文本和文件夹基本操作35 分		选择文件或文件夹		5	
任务实现步骤	文本和文件夹基本操作35 分		创建文件夹		5	
任务实现步骤	文本和文件夹基本操作35 分		重命名文件和文件夹		5	
任务实现步骤	文本和文件夹基本操作35 分		复制文件和文件夹		5	
任务实现步骤	文本和文件夹基本操作35 分		移动文件和文件夹		5	
任务实现步骤	文本和文件夹基本操作35 分		隐藏文件和文件夹		5	
任务实现步骤	文本和文件夹基本操作35 分		删除文件和文件夹		5	
任务实现步骤	能力拓展20 分		格式化磁盘		5	
任务实现步骤	能力拓展20 分		清理磁盘		5	
任务实现步骤	能力拓展20 分		库		5	
任务实现步骤	能力拓展20 分		控制面板		5	
任务实现步骤	职业素养20 分		实训管理：纪律、清洁、安全、整理、节约等		5	
任务实现步骤	职业素养20 分		团队精神：沟通、协作、互助、自主、积极等		5	
任务实现步骤	职业素养20 分		工单填写：清晰、完整、准确、规范、工整等		5	
任务实现步骤	职业素养20 分		学习反思：技能点表达、反思内容等		5	
教师评语						

【任务 2】　应用软件：常用软件的使用

任务描述

小张在自己的计算机安装了 Windows 10 后，计算机可以正常使用，但为了丰富计算机的应用功能，小张想安装一些应用软件。

任务分解

分析上面的工作情境得知，我们需要完成下列任务：

- 软件的安装：下载软件安装包，然后安装。
- 软件的使用：掌握常用软件的基本使用方法。
- 信息检索：掌握搜索引擎使用技巧。

分析前面的工作情境得知，我们需要掌握以下知识。

现今信息安全领域形势不容乐观，计算机国产化市场前景广阔，近些年各种安全事件层出不穷，网络信息安全以及工控安全现已上升到了国家战略安全的地位，严重威胁到国家安全。未来发展自主可控的信息安全技术是关系国家安全的战略目标，国产化计算机应用技术更是信息技术的重中之重。

计算机软件主要分为应用软件和系统软件，系统软件与应用软件的部分关键领域仍是海外厂商占据主导，如数据库、操作系统等。应用软件涉及范围广，细分领域多，不同领域的应用软件国产化程度有差异，但整体而言，国产应用软件的整体成熟度领先于系统软件，部分已具备全球竞争力。用户应多关注国产软件的发展，支持国产软件。

任务目标

- 软件的下载：浏览软件官网，下载安装包。
- 软件的安装：掌握常用软件的安装方法。
- 软件的使用：掌握常用软件的基本使用方法。
- 搜索引擎的使用：掌握常用搜索引擎的使用技巧。

示例演示

新购买的计算机一般都只安装了最简洁的 Windows 操作系统，如果想要实现更多功能，就一定要安装许多第三方应用软件。若胡乱下载，则会导致安装一堆不实用的软件，不但没有解决自己的需求，还有可能会影响计算机的运行速度，从而造成计算机出现卡顿等情况。

在本任务中，首先要依据用户的生活工作情况，综合了解用户对计算机的应用需求，然后安装下列软件，如图 2-36 所示。

图 2-36

任务实现

完成"用于软件：常用软件的使用"任务，掌握每个步骤对应的知识技能。

（1）网络浏览器

浏览器是用来检索、展示以及传递 Web 信息资源的应用程序。网络浏览器是一个显示网页服务器或档案系统内的文件，并让用户与这些文件互动的一种软件。

Windows 10 自带网络浏览器 Microsoft Edge 和 Internet Explorer 11（简称 IE11）。Edge 是 Windows 新推出的网络浏览器，IE11 是第一个通过 GPU 呈现文本的浏览器，具有领先的 JavaScript 性能，速度更快、响应程度更高。除此之外，用户可以下载并安装 Google Chrome 浏览器、UC 浏览器、搜狗浏览器、QQ 浏览器、猎豹浏览器、Firefox 浏览器、百度浏览器、傲游浏览器等。

在浏览器的地址栏输入的是统一资源标识符（Uniform Resource Identifier，URI），Web 信息资源由 URI 标记，可以是网页、图片、视频或者任何可以在 Web 上呈现的内容。用户可以借助超链接，通过浏览器浏览互相关联的信息。

可以对浏览器进行的操作如下。

- 保存网页。可将网页保存为所需格式，如图 2-37 所示。

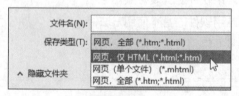

图 2-37

- 设置主页。可在"Internet 选项"对话框中设置经常访问的 URL 为主页，即打开浏览器的第一个页面。
- 收藏。可将常常访问的多个 URL 收藏到收藏夹内，方便下一次浏览。可以对收藏夹进行添加、整理、删除、导入、导出、同步等操作。

- 刷新。单击菜单栏的"刷新"按钮或按【F5】键可刷新当前网页。

（2）压缩软件

以 WinRAR 为例，在浏览器的地址栏输入 WinRAR 的官网地址，如果不知道可以通过搜索获得，打开 WinRAR 的中国官网，如图 2-38 所示。

图 2-38

下载并安装软件后就可以使用了。压缩文件或文件夹的优势包括节省磁盘空间、把许多零散的文件集中到一起、可加密码、传输方便、可以通过 FTP 或邮箱发送。

用户根据需要将压缩后的文件保存为.zip 或.rar 格式文件。WinRAR 界面友好，使用方便。WinRAR 安装成功后，桌面图标、WinRAR 的工作界面、要压缩的文件和压缩后的文件如图 2-39 所示。

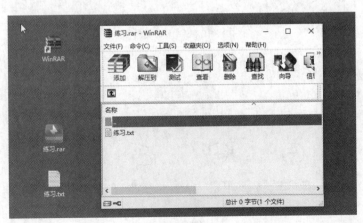

图 2-39

（3）办公软件

著名的办公系列应用软件有美国微软公司出品的 MS Office 和我国金山公司出品的 WPS Office。本书后续模块将重点讲解 MS Office 2016 中的 3 个办公组件：Word、Excel、PowerPoint。

WPS Office 办公软件产品是金山办公的核心产品，主要包括 WPS Office 桌面版及 WPS

Office 移动版。WPS+云办公是金山办公针对企业办公场景推出的企业级协同办公订阅服务。金山文档是一款可多人实时协作编辑的文档创作工具，支持在线多人协作，云端文件安全可控。金山词霸是一款以中英互译为主的电子词典及在线翻译软件。金山办公官网如图 2-40 所示。

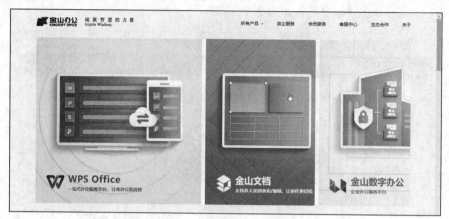

图 2-40

（4）杀毒软件

养成良好的计算机使用习惯，做好网络安全防护非常重要。为计算机安装杀毒软件，开启安全检测并定期更新软件和病毒库。常见的杀毒软件有卡巴斯基、瑞星、小红伞、金山毒霸、腾讯电脑管家、百度杀毒、360 安全卫士等。

使用计算机时应该经常进行闪电杀毒或全盘杀毒，移动存储器必须先杀毒再打开，定期更新杀毒软件等。火绒安全杀毒软件的工作界面如图 2-41 所示。

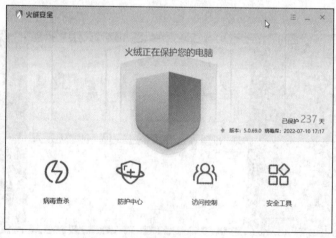

图 2-41

（5）即时通信软件

即时通信软件是通过即时通信技术来实现在线聊天、交流的软件。常用的即时通信软件包括 QQ、微信、MSN、Skype、飞信、阿里旺旺等。

腾讯公司出品的 QQ 和微信拥有庞大的用户群体，支持多终端登录。其中 QQ 的功能非常丰富，包括两人 / 多人通话、群组通话、屏幕分享、文件漫游、多端互传、在线预览、兴趣社区、附近热点、精彩图集等。部分通信软件中还加入了其他功能，如阿里钉钉、企业微信、腾讯 TIM 等软件，不仅具备即时通信功能，还具备网上办公和团队协作功能。

（6）上传下载软件

文件传输是指将文件从一个计算机系统传到另一个计算机系统。文件传输是互联网中最主要的操作之一。文件一般存放在服务器中，把文件从远程服务器传输到本地计算机，称为下载；把文件从本地计算机传输到远程服务器，称为上传。

有些 FTP 服务器支持匿名访问，有些则需要用户名和密码才能访问。上传和下载时，直接在计算机的地址栏输入以 "FTP:" 开头的 URL 地址，访问远程服务器，然后通过复制和粘贴等方式进行文件的上传或下载。也可以利用 CuteFTP、迅雷 X 进行文件的上传或下载。

（7）专利查询

用户若想申请专利更为顺利，更好地确定申请专利的技术方向，建议在申请专利之前，到专利信息检索平台进行全面检索，这样能节省更多时间和精力，避免在节省时间精力的同时，多走弯路，还能避免重复性地投入更多成本。

专利信息检索平台如图 2-42 所示。在搜索栏输入专利的关键字，单击 "SooPAT 搜索" 按钮即可完成搜索。

图 2-42

（8）腾讯文档

腾讯文档是腾讯公司旗下的办公软件，是一款可多人同时编辑的在线文档。腾讯文档支持在线编辑 Word、Excel、PPT、PDF、收集表、思维导图、流程图等多种类型的文档。

腾讯文档支持用户在计算机端（PC 客户端、腾讯文档网页版）、移动端（腾讯文档 App、腾讯文档微信、QQ 小程序）、iPad（腾讯文档 App）等多类型设备上随时随地查看和修改文档。打开网页就能查看和编辑文档，云端实时保存，权限安全可控。下载安装 Windows 版的腾讯文档，运行后的工作界面如图 2-43 所示。

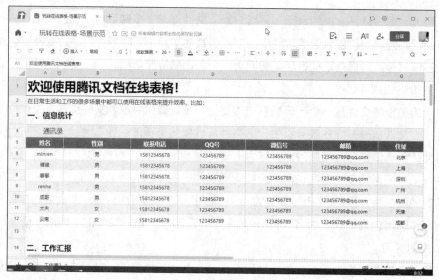

图 2-43

编辑好文档后，通过"分享"按钮，可以把文档分享给好友，设置好友的操作权限，这样就可以实现多人同时编辑文档。

能力拓展

掌握上述技能就可以完成海报设计，并且还可以使其更加精美，需要掌握的拓展操作如下。

（1）键盘

键盘是向计算机提供指令和信息的工具之一，是计算机系统的重要输入设备。用一条电缆线将键盘连接到主机机箱。键盘按键可以分为 4 个区，包括功能键区、主键盘区、光标控制键区、数字键盘（也称小键盘）区，如图 2-44 所示。

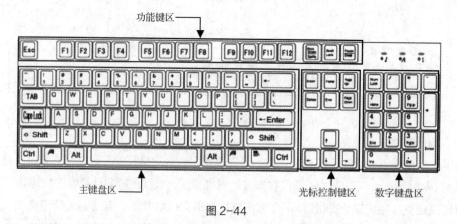

图 2-44

功能键区包括退出键、F1 键等。主键盘区包括字符键（包括字母键、数字键、特殊符号键等）及一些用于控制的键。光标控制键区包括光标移动键、翻页键、插入键、删除键等。数字键盘区包括数码锁定键、数字键等。

（2）汉字输入

在计算机中输入汉字时，需要使用汉字输入法，常用的汉字输入法有微软拼音输入法、搜狗拼音输入法和五笔输入法等，在选定输入法后，即可进行汉字输入。

在 Windows 10 中，可通过任务栏右侧的通知区来选择输入法，单击"输入法"按钮，在打开的列表中选择需要的输入法，如图 2-45 所示。也可以按组合键【Win + Space】在不同输入法之间切换，或按组合键【Ctrl + Space】在中文和英文输入法之间切换。

图 2-45

任务考评

【应用软件：常用软件的使用】考评记录

学生姓名		班级		任务评分	
实训地点		学号		完成日期	
	序号	考核内容		标准分	评分
任务实现步骤	常用软件基本操作 50 分	网络浏览器		5	
		压缩软件		10	
		办公软件		5	
		杀毒软件		5	
		即时通信软件		5	
		上传下载软件		5	
		专利查询		5	
		腾讯文档		5	
	拓展操作 20 分	键盘操作		10	
		汉字输入		10	
	综合效果 10 分	整体效果是否协调、是否符合使用习惯		10	
	职业素养 20 分	实训管理：纪律、清洁、安全、整理、节约等		5	
		团队精神：沟通、协作、互助、自主、积极等		5	
		工单填写：清晰、完整、准确、规范、工整等		5	
		学习反思：技能点表达、反思内容等		5	
教师评语					

【任务3】 信息检索：信息检索操作

任务描述

小张为了满足学习、工作的需要，准备购买一台笔记本电脑，因此需要通过信息检索查找具体的机型。选购要求如下。

- 笔记本电脑与手机能多屏协同，有利于工作效率的提升（小张的手机为 HUAWEI Mate 40 Pro 5G）。
- 能够满足工作、娱乐的要求（CPU 为 i7，内存为 16G，独立显卡，显示器为 14 英寸）。
- 价格在 7000 元到 8000 元之间。

任务分解

通过因特网搜索自己需要的信息，开展学习是用户购买计算机的主要原因。信息检索是人们根据特定的需要将相关信息准确地查找出来的过程。

分析上面的工作情境得知，我们需要完成下列任务。

- 通过网页查找所需信息：检索"京东商城"。
- 通过专用平台查找所需信息：在"京东商城"中检索符合要求的笔记本电脑。
- 通过搜索引擎查找所需信息：在笔记本电脑的官网验证信息，检索该笔记本的测评信息，到相关测评网站查看。
- 通过书签收藏页面：通过书签收藏页面，以便随时查看。

分析上面的工作情境得知，我们需要掌握以下知识。

用浏览网页的方式查找所需信息。利用浏览模式进行检索时，用户只需以一个节点作为入口，例如在"www.hao123.com"中找一个网址作为入口，然后选择自己感兴趣的信息从一个网页转向另一个相关网页。这是在互联网上检索信息的最原始方法。但是，随着互联网信息的急剧增加，通过逐页浏览网页查找所需信息已非常困难。

使用网站的分类目录查找所需信息。许多网站如京东商城、天猫、新浪、搜狐等信息平台专门收集相关的信息，并以链接的方式将其组织起来并编制成分类目录提供给网络用户使用。所谓分类目录，就是把同一类内容的网络信息放在一起并按一定顺序排列，大主题下又包括若干小主题，并可按主题层层单击下去，直至找到所需信息为止。这种搜索方法比较简单和实用，但由于分类目录的编制需要人工介入，维护量大，信息更新不及时，建立的搜索索引覆盖面也受到限制，因此搜索范围较小，效率比较低。

使用搜索引擎查找所需信息。搜索引擎是专门为用户提供信息检索服务的工具，是互联网上的一种信息检索软件，在网络信息检索中具有重要的地位。搜索引擎能够为用户提供关键词或自然语言检索，即输入检索词以及各检索词之间的逻辑关系，搜索引擎便代替用户在索引库中搜索，并将搜索结果（在互联网上是一系列信息的网址）输出给用户。目前互联网上的搜索引擎数量众多，比较常用的有百度，必应等。它们一般都具有逻辑检索、单词检索、词组检索、截词检索、字段检索等功能。利用搜索引擎的优点是省时省力、简单方便、检索速度快、范围广，能及时获取新增信息；缺点是由于采用计算机软件自动进行信息加工处理，其检索软件的智能性不是很高，因此检索的准确性不是很理想。

使用数据库查找所需信息。国内外有不少机构将其拥有的数据库公开分享，访问网络数据库是用户获取学术性信息的最有效方法。如超星数字图书馆、万方数据资源系统、中国维普数据库、CNKI 中国知网数据库、龙源期刊网等，还有一些专利、标准、法律法规等特种文献数据库。每个数据库都各有特色，是专门从事信息服务的公司或机构研制开发的，其收集的信息系统、完整且更新速度快，检索途径多样。这些网络数据库是进行科研、生产、学术研究等的重要信息来源。

使用网上参考工具书查找所需信息。许多年鉴、字典、词典、手册、名录、百科全书、表谱等中文工具书都有网络版，网上参考工具书利用先进的检索技术，增加许多新的检索功能和检索入口，让各类读者能快速找到所需信息资源，且更新速度也比印刷版快。如中文工具书参考咨询系统是中国目前最大的中文工具书知识库，涵盖社会科学和自然科学的各个学科领域，用户只要输入拟查找的问题，就可得到有关内容的图书全文或相关工具书的线索。因此，网络参考工具书是用户进行事实检索和数据检索的重要工具。

任务目标

- 通过网页查找所需信息：通过导航网站页面查找所需要的信息。
- 通过专用平台查找所需信息：通过购物网站专用平台查找所需要的信息。
- 通过搜索引擎查找所需信息：通过百度搜索引擎查找网站和测评信息。
- 通过书签收藏页面：通过书签收藏页面，以便随时查看。

示例演示

为购买所需要的笔记本电脑，小张通过网页查找所需要的信息，或者通过专用平台查找所需信息，再或者通过搜索引擎查找所需信息，最后通过书签收藏页面。

完成后的内容如图 2-46 所示。

图 2-46

任务实现

完成"信息检索：信息检索操作"任务，掌握每个步骤对应的知识技能。

步骤 1：搜索笔记本电脑信息

本任务是购买笔记本电脑，首先通过导航网站主页找到京东商城并进入。导航网站就是一个集合较多网址并按一定的条件进行分类的网站。

按小张的要求，在京东商城购物网站专用平台中查找所需要的笔记本电脑。在京东商城的搜索栏输入"笔记本电脑多屏协同"，对搜索结果进一步细化，内存容量选择"16GB"，屏幕尺寸选"14.0-14.9 英寸"，处理器选择"Inter i7"，最后在价格中输入"7000-8000"，单击"确定"按钮，如图 2-47 所示。

图 2-47

查看列表中的笔记本电脑信息，其中华为笔记本电脑 MateBook 14 12 代酷睿版符合小张的要求，如图 2-48 所示。

图 2-48

步骤 2: 搜索测评信息

进入导航网站"www.hao123.com",打开百度搜索引擎,输入关键字"华为"进行查找,在找到的搜索结果中,单击进入华为官网。

在华为官网中,选择"个人及家用产品">"笔记本">"MateBook 系列",找到"MateBook 14"后,单击"了解更多"按钮,通过查看"功能特征""规格参数""服务支持",验证笔记本的信息。

再次在百度搜索引擎中输入关键字"MateBook 14 12 代酷睿版测评"进行搜索,如图 2-49 所示,在找到的搜索结果中,打开测评信息网页查看,进一步确定 MateBook 14 12 代酷睿版是否符合要求。

图 2-49

步骤 3: 通过书签收藏有效页面

单击网页右侧的"设置"按钮,在下拉列表里点击"书签"按钮,选择"为此网页添加书签"命令,收藏京东商城的选购页面。用同样的操作收藏华为官网的产品资料页面、中关村在线的测评页面,整理书签,方便随时打开查看,如图 2-50 所示。

图 2-50

还可以进行移动书签、删除书签等操作。

能力拓展

使用搜索引擎时,通常在搜索栏直接输入关键词,然后在搜索结果里一个个点开查找。有时搜索结果里的无用内容太多，翻好几页也不一定能找到满意的结果。

其实百度、Google、搜狗等搜索引擎都支持一些高级搜索技巧和语法，可以对搜索结果进行限制和筛选，缩小检索范围，让搜索结果更加准确。

下面讲解一些实用的搜索技巧和如何高效地使用搜索引擎，以百度为例，其他搜索引擎类似。

（1）使用双引号

使用双引号可精确搜索，搜索引擎会查找完全匹配引号内的关键词的内容，搜索结果中必须包含和引号中的关键词完全相同的内容，如图2-51所示。

图2-51

（2）关键词+filetype：格式

"关键词+filetype：格式"的搜索方式指定文件类型较严格，平时也可以直接用"文件名+格式"的方式进行搜索，如图2-52所示。

 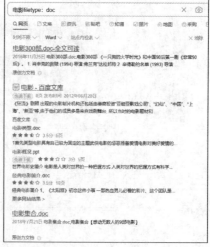

图2-52

（3）site:域名+关键词

"site:域名+关键词"的搜索方式是只搜索指定网站中的内容，如图 2-53 所示。

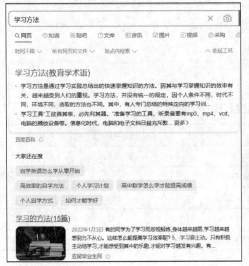

图 2-53

（4）自带的高级搜索功能

使用搜索引擎自带的高级搜索功能，如图 2-54 所示。

图 2-54

（5）布尔逻辑检索

布尔逻辑检索也称作布尔逻辑搜索，严格意义上的布尔检索法是指利用布尔逻辑运算符连接各个关键词，然后由计算机进行相应逻辑运算，以找出所需信息的方法。它使用面最广、使用频率最高。布尔逻辑运算符的作用是把关键词连接起来，构成一个逻辑检索式。

- 逻辑与可用来表示其所连接的两个检索项的交叉部分，即交集部分。用 AND 连接关键词 A 和关键词 B，则检索式为 A AND B，表示让系统检索同时包含关键词 A 和关键词 B 的信息集合 C。

- 逻辑或用 OR 连接关键词 A 和关键词 B，则检索方式为 A or B，表示让系统查找含有关键词 A、B 之一，或同时包括关键词 A 和关键词 B 的信息。
- 逻辑非用 NOT 连接关键词 A 和关键词 B，检索式为 A NOT B（或 A-B），表示检索含有关键词 A 而不含关键词 B 的信息，即将包含关键词 B 的信息集合排除掉。

任务考评

【信息检索：信息检索操作】考评记录

学生姓名		班级		任务评分	
实训地点		学号		完成日期	

任务实现步骤	序号	考核内容	标准分	评分
	基本操作 40 分	通过导航网站，找到并进入京东商城	10	
		在京东商城中搜索商品	5	
		细化搜索结果，找到符合要求的笔记本电脑	10	
		搜索笔记本电脑的测评结果	5	
		通过书签收藏有用的网页	5	
		整理书签以便随时使用	5	
	拓展操作 30 分	使用双引号	5	
		关键词 + filetype：格式	5	
		site:域名 + 关键词	5	
		自带的高级搜索功能	5	
		布尔逻辑检索	10	
	综合效果 10 分	整体效果是否协调、是否符合使用习惯	10	
	职业素养 20 分	实训管理：纪律、清洁、安全、整理、节约等	5	
		团队精神：沟通、协作、互助、自主、积极等	5	
		工单填写：清晰、完整、准确、规范、工整等	5	
		学习反思：技能点表达、反思内容等	5	
教师评语				

模块小结

计算机的操作系统是计算机系统中负责支撑应用程序运行环境以及用户操作环境的系统软件，同时也是计算机系统的核心。它提供对硬件的监管，对各种计算机资源（如内存、磁盘、处理器等）的管理以及面向应用程序的服务。

本模块就操作系统最核心的内容进行介绍，包括操作系统的简介、Windows 10 的启动与关闭、Windows 10 桌面，Windows 10 窗口等。还介绍了文件管理、应用软件、搜索引擎等操作，让读者对 Windows 10 的操作与应用环境有一定的了解，不仅能提供计算机的使用效率，同时也能大幅提升工作效率。

课后练习

一、单选题

1. 操作系统的功能是（   ）。

    A. 处理器管理、存储器管理、设备管理、文件管理

    B. 运算器管理、控制器管理、打印机管理、磁盘管理

    C. 硬盘管理、软盘管理、存储器管理、文件管理

    D. 程序管理、文件管理、编译管理、设备管理

2. 在 Windows 10 的"此电脑"窗口中，左边显示的内容是（   ）。

    A. 所有未打开的文件夹   B. 系统的树型文件夹结构

    C. 打开的文件夹下的子文件及文件   D. 所有已打开的文件夹

3. 在 Windows 10 中，当某程序因某种原因陷入死循环，下列哪一个方法能较好地结束该程序？（   ）。

    A. 按组合键【Ctrl + Alt + Delete】，然后选择"结束任务"结束该程序的运行

    B. 按组合键【Ctrl + Delete】，然后选择"结束任务"结束该程序的运行

    C. 按组合键【Alt + Delete】，然后选择"结束任务"结束该程序的运行

    D. 直接关闭计算机结束该程序的运行

4. Windows 10 是一个（   ）。

    A. 多用户多任务操作系统   B. 单用户单任务操作系统

    C. 单用户多任务操作系统   D. 多用户分时操作系统

5. 下列程序中不属于附件的是（   ）。

    A. 计算器   B. 记事本   C. 网上邻居   D. 画笔

6. 若 Windows 10 的菜单命令后面有省略号（ ... ），就表示系统在执行此菜单命令时需要通过（   ）询问用户，以获取更多的信息。

    A. 窗口   B. 文件   C. 对话框   D. 控制面板

7. 在 Windows 10 的回收站中，可以恢复（   ）。

    A. 从硬盘中删除的文件或文件夹   B. 从软盘中删除的文件或文件夹

    C. 剪切掉的文档   D. 从光盘中删除的文件或文件夹

8. Windows 10 中将信息传送到剪贴板不正确的方法是（   ）。

    A. 用"复制"命令把选定的对象送到剪贴板

    B. 用"剪切"命令把选定的对象送到剪贴板

    C. 按组合键【Ctrl+V】把选定的对象送到剪贴板

    D. 按组合键【Alt+PrintScreen】把当前窗口送到剪贴板

9. 在资源管理器右侧，如果需要选定多个非连续排列的文件，应（　　　）。

  A. 按住【Ctrl】键+单击要选定的文件对象　　B. 按住【Alt】键+单击要选定的文件对象

  C. 按住【Shift】键+单击要选定的文件对象　D. 按住【Ctrl】键+双击要选定的文件对象

10. 在 Windows 10 中，按组合键（　　　）可以实现中文输入和英文输入之间的切换。

  A.【Ctrl+Space】　　　　B.【Shift+Space】　C.【Ctrl+Shift】　　　　D.【Alt+Tab】

二、简答题

1. 简述操作系统的概念和基本功能。

2. 描述常见的 10 类文件及扩展名。

3. 运用你所知道的搜索引擎搜索信息技术有关内容。

三、操作题

1. 使用"记事本"录入教材的前言，保存在桌面，文件名为"录入练习.txt"。

2. 把你的笔记本电脑桌面截屏后，通过画图软件打开，并在图片中加入你的学号姓名，保存在桌面，文件名为"笔记本电脑桌面.jpg"。

3. 利用快捷方式向导，在桌面上为 Windows 10 自带的"计算器"程序创建一个名为"计算器"的快捷方式。

4. 在 D 盘创建一个名为你的学号的文件夹，把前 3 题创建的文件移动到该文件夹内。

5. 为了方便大学学习生活，选择一台满足自己学习要求的笔记本电脑，分析性价比。

模块3
文档处理

03

学习导读

　　文档处理是信息化办公的重要组成部分，广泛应用于人们日常生活、学习和工作的方方面面。本模块包含文档的基本编辑、图片的插入和编辑、表格的插入和编辑、样式与模板的创建和使用、多人协同编辑文档等内容。

学习目标

- 知识目标：了解 Word 2016 的工作界面、视图模式、帮助系统。
- 能力目标：掌握文档创建、打开、复制、保存等基本操作。
- 素质目标：提升利用计算机处理文字的能力，提高文档编排的审美能力，提升灵活运用所学知识进行版面布局调整的能力，掌握多人协同编辑文档的方法和技巧。

相关知识——Word 2016

模块 3　文档处理

　　Microsoft Office 是微软公司开发的办公软件的集合，包括了 Word、Excel、OneNote、Outlook、Skype、Project、Visio、Publisher 等组件和服务。其中 Word 2016 是 Office 2016 系列办公软件中的一个组件。

　　Word 2016 被称作文字处理软件，主要用于书面文档的编写、编辑。除处理文字外，还可以在文档中插入和处理表格、图形、图像、艺术字、数学公式等。无论初级或高级用户在文档处理过程中需要实现什么样的排版输出效果，都可以借助 Word 2016 提供的功能轻松实现，Word 2016 已成为目前文档处理方面应用较广泛的软件。

　　本模块以 Word 2016 为基础，利用面向结果的全新用户界面，让用户可以轻松找到并使用功能强大的各种命令按钮，快速实现文本的输入、编辑、格式化、图文混排、表格编辑等。

3.1　Word 2016 的启动与退出

1. 启动 Word 2016

Word 2016 是在 Windows 环境下运行的应用程序，启动方法与启动其他应用程序的方法相似，常用的方法有如下 3 种。

- 从"开始"菜单中启动 Word 2016。
- 通过快捷图标启动 Word 2016。
- 通过已存在的 Word 文档启动 Word 2016。

2. 退出 Word 2016

Word 2016 的退出方法也与其他应用程序的退出方法完全一致，常用的方法有如下 3 种。

- 单击 Word 2016 工作界面右上角的"关闭"按钮。
- 选择"文件>""关闭"命令。（只能关闭文档，不能退出程序）
- 按组合键【Alt+F4】。

3.2 Word 2016 的工作界面

Word 2016 的工作界面主要包括快速访问工具栏、标题栏、选项卡、功能区、文档编辑区、标尺和状态栏等部分，其工作界面如图 3-1 所示。

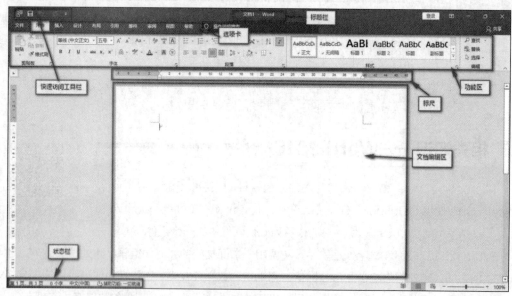

图 3-1

1. 标题栏

标题栏显示软件的名称和正在编辑的文件的名称，如果是一个新建文件，则默认为"文档 1-Word"。

2. 快速访问工具栏

快速访问工具栏位于窗口的左上角（也可以将其放在功能区的下方），通常放置一些最常用的命令按钮，可单击"自定义快速访问工具栏"按钮，根据需要删除或添加常用命令按钮，如图 3-2 所示。

3."文件"按钮

单击"文件"按钮,弹出"文件"主菜单,包括"新建""打开""保存""打印""关闭"等常用文件操作命令,如图 3-3 所示。

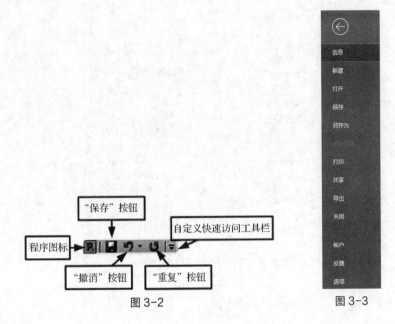

图 3-2

图 3-3

4. 选项卡

选项卡包括"开始""插入""设计""布局""引用""邮件""审阅""视图"等。用户可以依据需要选择选项卡进行切换,每个选项卡对应一个功能区。

5. 功能区

功能区的命令按钮按逻辑组的形式组织在一起,用户可以快速找到完成某一任务所需的命令按钮。单击 Word 2016 窗口右上角的"功能区的显示选项"按钮,可以实现功能区的隐藏和显示,如图 3-4 所示。

6. 对话框启动器

对话框启动器是一个小按钮。这个按钮出现在某些组中的右下角,例如 "字体"组中的"对话框启动器"按钮如图 3-5 所示。

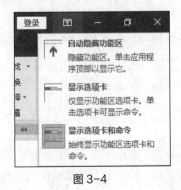

图 3-4

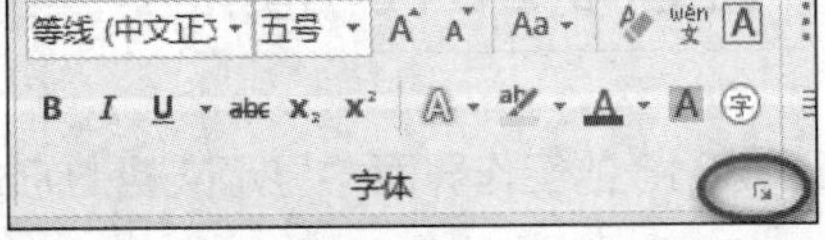

图 3-5

单击"对话框启动器"按钮将弹出相关的对话框或窗格，提供与该组相关的更多选项。例如单击"字体"组中的"对话框启动器"按钮，就会弹出"字体"对话框，如图 3-6 所示。

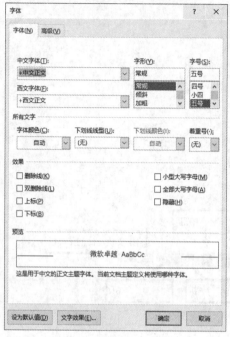

图 3-6

7. 文档编辑区

文档编辑区是输入文本和编辑文本的区域，位于工具栏的下方，在屏幕中占了大部分面积。其中不断闪烁的竖条称为光标，用来表示输入时文字出现的位置。在光标的后面有一个回车符，回车符代表一个段落，即段落标记。

8. 标尺

标尺可以用来设置或查看段落缩进、制表位、页面边界和栏宽等信息。

9. 滚动条

滚动条位于文档编辑区的右侧（垂直滚动条）和下方（水平滚动条），用来显示文档窗口以外的内容。

10. 状态栏

状态栏位于 Word 2016 工作界面底部，用来显示文档的基本信息和编辑状态，如页号、节号、行号和列号等。

3.3 Word 2016 的视图模式

在 Word 2016 的工作界面中显示文档的方式称为视图，使用不同的视图模式，用户可以从不同的侧重面查看文档，从而高效、快捷地查看、编辑文档。Word 2016 提供的视图模式包括页面视图、阅读视图、Web 版式视图、大纲视图和草稿视图。

1．页面视图

Word 2016 的默认视图是页面视图，可以显示整个页面的分布情况及文档中的所有元素，如正文、图形、表格、图文框、页眉、页脚、脚注和页码等，并能对它们进行编辑。在页面视图模式下，显示效果反映了打印后的真实效果，即"所见即所得"。

2．阅读视图

阅读视图不仅隐藏了不必要的工具栏，最大程度地增大了窗口，而且还将文档分为两栏，从而有效地提高了文档的可读性。

3．Web 版式视图

Web 版式视图主要用于在使用 Word 创建 Web 页时显示出 Web 效果。Web 版式视图优化了布局，使文档以网页的形式显示，具有最佳屏幕外观，使得联机阅读更容易。Web 版式视图适用于发送电子邮件和创建网页。

4．大纲视图

大纲视图使得查看长文档的结构变得很容易，并且可以通过拖动标题来移动、复制或重新组织正文。在大纲视图中，可以折叠文档、只查看主标题，或者扩展文档，以便查看整篇文档。

5．草稿视图

在草稿视图中可以输入、编辑文字，并设置文字的格式，对图形和表格进行一些基本的操作。草稿视图取消显示页面边距、分栏、页眉页脚和图片等元素，仅显示标题和正文，是最节省计算机系统硬件资源的视图模式。

各种视图之间可以方便地进行相互转换，有以下两种操作方法。

- 单击"视图"＞"视图"组中的相关视图按钮进行切换，如图 3-7 所示。
- 单击状态栏右侧的视图按钮进行切换，如图 3-8 所示。

图 3-7

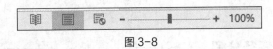

图 3-8

3.4 Word 2016 的帮助系统

Word 2016 提供了丰富的联机帮助功能，可以随时帮助用户解决在使用 Word 时遇到的问题。用户可以使用关键字和目录来获得与当前操作相关的帮助信息。

- 单击"帮助"＞"帮助"按钮或者直接按【F1】键，打开"帮助"窗格，如图 3-9 所示。
- 用户需要查询某方面的内容时，只需要单击相应按钮，或者在搜索栏输入关键字查询。

图 3-9

Word 2016 在"帮助"窗格中的"入门"栏里给出了 Word 2016 常用的操作说明，单击这些操作链接能够打开对应的帮助说明。如单击"Word 2016 中的新增功能"缩略图可以查看 Word 2016 的新增功能。

📝 任务实践

【任务 1】 文档制作：制作求职简历

任务描述

求职简历是求职者将自己的个人信息经过分析和整理，清晰、简要地展示出来的书面求职资料，简历应表明求职者与所申请职位紧密相关的经历、经验、技能和成果等内容。求职简历的主要作用是引起人力资源部门的兴趣，得到一次面试的机会，因此要突出优势，表述简洁。

小张即将大学毕业，急需制作一份令人满意的求职简历，要求如下。

- 对自己的闪光点和技能特长进行梳理和总结。
- 文档录入、编辑，做出精美的求职简历。

任务分解

分析前面的工作情境得知，我们需要完成下列任务。

- 文档操作：求职简历的创建。
- 文档美化：求职简历的美化。

分析前面的工作情境得知，我们需要掌握以下知识。

在制作求职简历前，需要根据任务需求设计出合适的文档内容。在本任务中，小张需要了解用人单位对岗位的需求，确定求职简历需要包含的个人的基本信息，例如，教育背景、实践经历、获奖情况和自我评价等。求职简历是让他人更好地了解你的重要渠道，同时通过求职简历展示出你个人的优势，对你"推销"自己就越有利，从而被用人单位遴选成功的概率也就越大。

其次可以通过上网查阅，选择一种合适的风格制作自己的求职简历，让自己制作的求职简历更加精美。

任务目标

- 文档的基本操作：创建、打开、复制、保存和关闭等。
- 输入文本：特殊文本的录入。
- 文档的特殊操作：文档的自动保存。

示例演示

制作求职简历有两种方式，一种是利用联机文档，这种方式需要在联网状态下才能完成，但对于制作者来说非常简单，只需要修改相应的内容。

另一种是纯制作，即从一个空白文档开始，这种方式要求制作者对 Word 2016 操作相当熟练，并且具有一定的审美，这样制作出来的求职简历会更加出彩。下面对这两种方法进行讲解。

若采用纯制作方式创建求职简历，可以按下列步骤进行操作。

- 创建文档：利用 Word 2016 创建空白文档。
- 输入文本：添加求职简历内容，注意输入法的切换和键盘常见按键的使用。
- 保存文档：按需要将文档保存在磁盘的具体位置，注意文档名的命名规则、文档的格式。
- 保护文档：若不希望制作的求职简历被别人修改，可以进行修改保护。
- 关闭文档：求职简历制作完成后，关闭文档。

求职简历完成后的效果如图 3-10 所示，其中右图是学习完图文混排技能后的美化效果。

 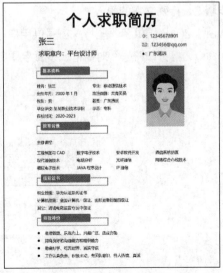

图 3-10

任务实现

完成"文档制作：制作求职简历"任务，掌握每个步骤对应的知识技能。

步骤 1：创建新文档

启动 Word 2016 时，会自动创建名为"文档 1"的新文档。

如果要创建联机文档，则需要在联网状态下完成，Word 2016 会提供很多模板，制作者可以依据自己的情况选择合适的模板，创建相应的文档，如图 3-11 所示。创建完成后可以对文档内容进行编辑，编辑完成后，可以将其保存为联机文档，保存在云端。

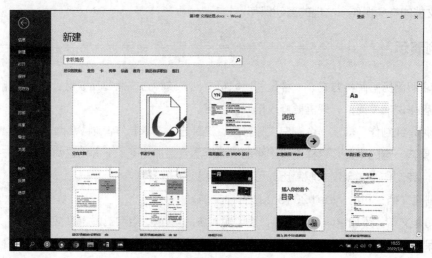

图 3-11

单击"空白文档"，即可新建一个空白文档。将求职简历所需的文本内容输入空白文档中，完成录入工作。

步骤 2：特殊文本的录入

Word 2016 提供了一些特殊符号供用户输入，操作方法为选择"插入">"符号">"其他符号"命令，打开"符号"对话框。设置字体、选中合适的符号，单击"插入"按钮，如图 3-12所示。

图 3-12

步骤 3：字体设置

文档中的文字，如标题、正文等都需要进行字体设置。操作方法为选中需要设置的文本，单击"开始">"字体"组中的相关命令按钮，如图 3-13 所示。

图 3-13

字体设置也可以单击"对话框启动器"按钮，打开"字体"对话框，如图 3-14 所示，进行相应的设置。在对话框的"高级"选项卡中，可以对 Word 2016 默认的标准字符间距、字符的高低位置等进行调整。

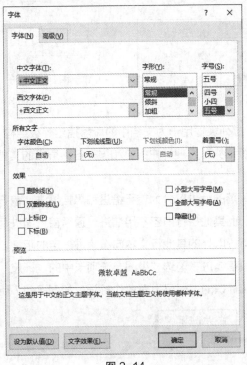

图 3-14

步骤 4：段落设置

在 Word 2016 中，任何一个以段落标记为结尾的文本块就是一个段落。段落也可以作为操作对象，操作方法为选中需要操作的段落中的任何位置，单击"开始">"段落"组中的相关命令按钮，如图 3-15 所示。

段落设置也可以单击"对话框启动器"按钮，打开"段落"对话框，如图 3-16 所示，进行相应的段落设置。在对话框的"换行和分页"选项卡中，可以对 Word 2016 默认的分页和格式化进行调整。在"中文版式"选项卡中，可以对默认的换行和字符间距进行调整。

图 3-15

图 3-16

其中，"大纲级别"下拉列表框用于为文档中的段落指定等级结构（1级至9级），主要用于设置 Word 文档标题的层级结构，方便用户折叠和展开各种层级的文档。指定了大纲级别后，就可在大纲视图中处理文档。

在 Word 2016 中，段落的缩进可分为首行缩进和悬挂缩进。首行缩进是指将段落的第一行从左向右缩进一定的距离，而其他各行内容不用缩进，通常首行缩进两个字的距离。悬挂缩进是指首行文本不改变，而除首行以外的其他行文本向右缩进一定的距离。

通常会用标尺来设置段落缩进，勾选"视图"选项卡中的"标尺"复选框，则标尺显示在屏幕上，标尺的刻度是以厘米标识的，标尺上有4个标记，如图 3-17 所示。

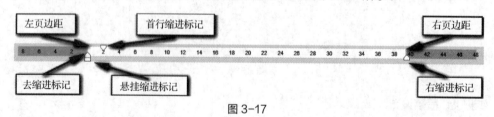

图 3-17

步骤5：输入项目符号和编号

编号是放在文本（如列表中的项目）前以添加强调效果的点或其他符号，起到强调作用。合理使用项目符号和编号可以使文档的层次结构更清晰、更有条理，加快文档编辑速度。

Word 2016 提供了项目符号及自动编号的功能，用户可以为文本段落添加项目符号或编号，也可以在输入文字时自动创建项目符号和编号列表。输入项目符号和编号的操作方法：选定文本段落，单击"开始"＞"段落"＞"项目符号"（或"编号"）按钮，如图 3-18 所示，就能自动创建项目符号和编号。

图 3-18

为文档应用多级列表编号，原始文稿与添加后的效果如图 3-19 所示。

文字编辑	第3章 文字编辑
简述	3.1 简述
Word 工作窗口	3.1.1 Word 工作窗口
视图方式	3.1.2 视图方式
Word 的帮助	3.1.3 Word 的帮助
文档的基本操作	3.2 文档的基本操作
文档的创建与保存	3.2.1 文档的创建与保存
文档的编辑与修改	3.2.2 文档的编辑与修改
样式与模板	3.3 样式与模板
样式	3.3.1 样式
模板	3.3.2 模板

图 3-19

为文档应用编号的操作步骤如下。

- 选中所有文字，单击"开始"＞"段落"＞"编号"按钮，在打开的编号库中寻找合适的选项，如图 3-20 所示。
- 单击"定义新的编号格式"按钮，在打开的"定义新多级列表"对话框中设置 1 级列表为"第 3 章"，2 级列表为"3.1"，3 级列表为"3.1.1"，如图 3-21 所示。
- 设置好后，单击"确定"按钮。
- 完成后，所有文档内容都是一级列表，通过单击"增加缩进量"按钮，可以设置正确的列表级别，完成列表的设置。

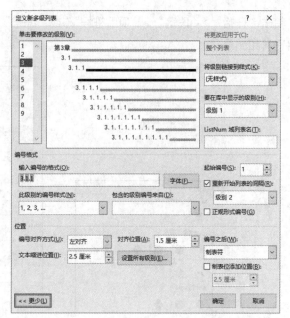

图 3-20   图 3-21

步骤 6：分栏

分栏排版就是将文档设置成多栏格式，从而使版面变得生动美观。分栏排版常在报纸、实物公告栏、新闻栏等排版中应用，既美化了页面，又方便阅读。分栏排版的操作步骤如下。

- 选定需要分栏的文本内容（通常是一个段落）。
- 选择"布局"＞"页面设置"＞"栏"＞"更多栏"命令，弹出"栏"对话框，如图 3-22 所示，选择合适的配置，单击"确定"按钮，即可完成分栏。

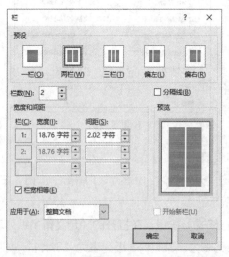

图 3-22

步骤 7：保存文档

文档在录入编辑过程中，也可以保存，还可以设置自动保存文档。保存文档的方法如下。

- 单击快速访问工具栏中的"保存"按钮，或按组合键【Ctrl+S】。
- 选择"文件">"保存"（或"另存为"）命令，打开"另存为"对话框，如图 3-23 所示。

图 3-23

自动保存文档的设置方法为选择"文件">"选项"命令，打开"Word 选项"对话框。选择"保存"选项卡，进行合适的设置，如图 3-24 所示。系统会自动保存临时文件，防止意外（断电）情况发生时文档被损坏。

图 3-24

能力拓展

文档创建完成后，为防止其他人对文档进行修改，可以对其进行编辑保护（如加密）。还需要掌握的拓展操作如下。

（1）文档保护

为防止其他人对文档进行修改，可以对其进行编辑保护。Word 2016 中可以对文档进行限制编辑设置，操作方法为选择"文件"＞"信息"命令，单击"保护文档"按钮，如图 3-25 所示，可以对文档进行密码设置等。若想取消保护，回到"加密文档"对话框，将原来定的密码全部删除即可。

图 3-25

"保护文档"按钮中每个选项的含义如下。

- 始终以只读方式打开。"始终以只读方式打开"选项可以防止意外更改。
- 用密码进行加密。该选项允许用户用密码对文档进行加密
- 限制编辑，"限制编辑"选项提供了 3 个选项：格式化限制、编辑限制、启动强制保护。
- 限制访问。"限制访问"选项可以限制 Office 文档的访问权限。
- 添加数字签名。该选项允许用户为文档添加数字签名
- 标记为最终状态。"标记为最终状态"选项可以将文档标记为只读模式。

（2）格式刷

在 Word 2016 中编辑文档时，使用 Word 2016 提供的格式刷功能可快速、多次复制 Word 2016 中的格式。单次使用格式刷的操作方法如下。

- 选中设置好格式的文字，单击"开始"＞"格式刷"按钮，鼠标指针将变成格式刷的样式。
- 选中需要设置同样格式的文字，即可将选定格式复制给选中的文字，鼠标指针变回原来的状态。

在 Word 2016 中，多次使用格式刷的操作方法如下。

- 选中设置好格式的文字，双击"格式刷"按钮，鼠标指针将变成格式刷的样式。

- 选中需要设置同样格式的文字，或在需要复制格式的段落内单击，即可将选定格式复制到多个位置。
- 取消格式刷时，再次单击"格式刷"按钮，或者按【Esc】键即可。

（3）选定文本

在 Word 2016 中，对文本进行编辑或排版时，如删除、替换、复制、移动、设置字体格式等，首先应选定要操作的文本，被选定的文本将突出显示，如图 3-26 所示。文本的选定可以用鼠标或键盘来完成。

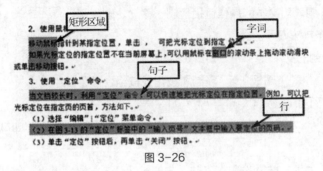

图 3-26

用鼠标选定文本的常用操作如下。

- 拖动选定。在待选文本的起始位置单击并按住鼠标左键拖动到待选文本的结尾位置松开。
- 选定字词。把鼠标指针置于汉字（或英文单词）上，双击。
- 选定句子。按住【Ctrl】键并单击句子中的任意位置。
- 选定一行。将鼠标指针移到待选定行的左侧（选定栏），当鼠标指针变成指向右上方的箭头时单击。
- 选定多行。在选定栏按住鼠标左键向上或向下拖动鼠标。
- 选定一段。在选定栏对应的该段位置双击，或者在段落的任意位置单击三次也可以选定一个段落。
- 选定矩形区域。按住【Alt】键不放，再按住鼠标左键拖动鼠标。
- 选择大范围连续区域。单击待选文本的开头，按住【Shift】键不放，单击待选文本的结尾，再释放【Shift】键。
- 选定不连续区域。先选定第一个文本区域，按住【Ctrl】键，再选定其他文本区域。
- 选定整个文档（全选）。在选定栏单击三次，或者按住【Ctrl】键在选定栏单击。

用键盘选定的操作：将光标移到待选文本的开头，按住【Shift】键不放，通过【↑】键、【↓】键、【←】键、【→】键、【Page Up】键、【Page Down】键将光标移到待选字块的结尾即可。

按组合键【Ctrl+A】可选定整篇文档（全选）。

Word 2016 还提供扩展选定文本功能，按【F8】键可切换到扩展选取模式，按【Esc】键可关闭扩展选取模式。在处于扩展选取模式时，光标的位置为选择的起始端，操作后光标的位置是选择的终止端，两端之间的文本都是被选定的文本。

在处于扩展选取模式时，按【→】键，光标将右移一格，并把它经过的那个字符选定，按

【End】键，光标将移到当前行的末尾，同时把从光标原来所在位置到行尾的文本选定。另外，按下【F8】键，进入扩展状态，再按【F8】键，则选择了光标所在处的一个词；再按一下【F8】键，选区扩展到了整句；再按一下【F8】键，选区扩展到了整段；再按一下【F8】键，选区扩展到了全文；再按【F8】键就不再有反应了。

操作完成后，需要取消选定文本，操作方法是在文本区选定栏外的任何位置单击或按任意光标移动键，突出显示的文本将恢复原样。

（4）文本的操作

在 Word 2016 中，对文本的操作包括复制、移动、删除等。

复制文本的操作方法如下。

- 选定需要复制的文本。
- 单击"开始">"剪贴板">"复制"按钮或按组合键【Ctrl+C】。
- 将光标定位到目标位置。
- 单击"开始">"剪贴板">"粘贴"按钮或按组合键【Ctrl+V】，即可把所选内容复制到目标位置。

复制操作可以归纳为 4 步：选定→复制→定位→粘贴。在单击"粘贴"按钮前，可以单击按钮下面的下拉按钮，弹出下拉菜单，选择其他粘贴操作，如图 3-27 所示。

移动文本的操作和文本的复制操作方法基本相同，就是把第 2 步的单击"复制"按钮改成单击"剪切"按钮或者把按组合键【Ctrl+C】变成按组合键【Ctrl+X】，其他 3 个步骤完全相同。当然也可以通过鼠标的拖动来实现文本的移动和复制操作。

图 3-27

- 按文本【BackSpace】或【Delete】键可分别删除光标之前或光标之后的文本。如果要删除较多的文本，应先选定要删除的文本，再进行删除操作，操作方法如下。
- 按【Delete】键。
- 选择"编辑">"清除"命令，选择清除格式或清除内容。

剪贴板是内存中的一个临时数据区，用于在应用程序间交换文本或图像信息，剪贴板中可以同时存放最近 24 次复制或剪切的内容。调出"剪贴板"窗格的操作方法为，单击"开始">"剪贴板">"对话框启动器"按钮，打开"剪贴板"窗格，此窗格可以对剪切的内容进行精准的操作。

（5）查找和替换

在编辑文本时，使用查找和替换功能可以快速精确地找到或替换文本。查找功能主要用于在文档中定位，查找文本的操作步骤如下。

- 单击"开始">"编辑">"查找"按钮，打开"导航"窗格，如图 3-28 所示。
- 在"导航"窗格的搜索框中输入要查找的关键字，系统将自动在选中的文本中进行查找，并将找到的文本高亮显示，并且包含搜索文本的标题也会高亮显示。

在"导航"窗格的搜索框中，单击"搜索"按钮旁边的下拉按钮，在弹出的下拉列表中可以查看其他搜索命令，如图 3-29 所示。

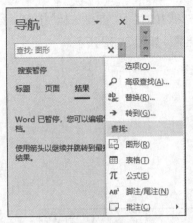

图 3-28 图 3-29

Word 2016 能按要求查找并替换指定的文本，操作步骤如下。

- 单击"开始">"编辑">"替换"按钮，打开"查找和替换"对话框，如图 3-30 所示。
- 在"查找内容"文本框中输入要查找的文本，在"替换为"文本框中输入新的文本。
- 单击"替换"按钮，Word 2016 开始查找，并将找到的第一处相应内容进行替换。单击"全部替换"按钮可将整个文档中的相应内容全部替换掉。

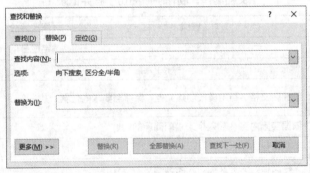

图 3-30

在"查找和替换"对话框中，有"更多"按钮，其中各选项的功能如下。

"搜索"下拉列表框：设置文档的搜索范围。

"区分大小写"复选框：搜索时区分大小写。

"全字匹配"复制框：搜索符合条件的完整单词。

"使用通配符"复选框：搜索时可以使用通配符。

"格式"下拉按钮：可以设置替换文本的格式。

"特殊字符"下拉按钮：可以选择要替换的特殊字符。

"不限定格式"按钮：可以取消替换文本的格式设置。

（6）字数统计

字数统计功能是 Word 2016 提供的统计当前文档字数的功能，统计的字数结果包括字数、字符数（不计空格）、字符数（计空格）3 种类型。

单击"审阅"＞"校对"＞"字数统计"按钮，如图 3-31 所示，在弹出的"字数统计"对话框中有字数统计结果，如图 3-32 所示。

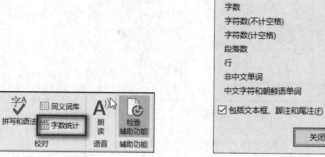

图 3-31　　　　　　　　　　　　　　图 3-32

任务考评

【文档制作：制作求职简历】考评记录

学生姓名			班级		任务评分	
实训地点			学号		完成日期	
	序号	考核内容			标准分	评分
任务实现步骤	基本操作 5分	新建新文档、利用模板创建文档、保存至要求的位置，并命名			5	
	文本输入 35分	依据实际内容，输入个人求职简历的内容			15	
		特殊符号的输入			10	
		保存文档、保护文档、关闭文档			10	
	编辑文档 20分	设置字体、字号等			5	
		段落设置			5	
		特殊文本的录入			5	
		分栏			5	
	能力拓展 20分	选定文本			5	
		文本操作			5	
		格式刷			5	
		查找和替换			5	
	职业素养 20分	实训管理：纪律、清洁、安全、整理、节约等			5	
		团队精神：沟通、协作、互助、自主、积极等			5	
		工单填写：清晰、完整、准确、规范、工整等			5	
		学习反思：技能点表达、反思内容等			5	
教师评语						

【任务 2】 图文混排：制作学校宣传页

任务描述

每年进入高考季时，各大高校开始招生。小张决定制作一份学校宣传页来宣传学校，扩大母校的知名度。设计好的宣传海报来吸引广大学生，是学校提高学校影响力的重要手段。

任务分解

分析上面的工作情境得知，我们需要完成下列任务。

- 图片的插入和编辑：制作学校宣传海报。
- 表格的插入和编辑：制作招生情况表。

分析上面的工作情境得知，我们需要掌握以下知识。

首先我们需要了解该学校的校园文化，这样才能设计出最满意的宣传海报。

海报设计往往需要进行良好的设计构思，通过海报来进行宣传都希望获得最好的设计效果。宣传海报的表现形式多种多样，题材广阔，限制较少，强调创意及视觉语言，图片及文字可以灵活地结合着使用。所以我们需要利用艺术字、图形、图像等来设计海报。

任务目标

- 图文混排：包括插入艺术字、图形、图像等。
- 常规的格式设置：首字下沉等。
- 制作表格：插入或者绘制表格、单元格的合并、输入内容。
- 编辑表格：表格属性、行和列的调整等。
- 页面设置：设置页边距、纸张、版式等。

示例演示

可以按下列步骤完成图文混排的学校宣传页的制作。

- 插入艺术字：结合文本和图片的特点，使文本具有图形的某些属性效果。
- 字体、段落设置：增强文档的可读性。
- 插入图片：插入图片，形成图文混排的格式，使文档更有感染力。
- 插入形状：插入专业级形状，使文档更生动。
- 插入文本框：文本框可以使文本和图形移动到页面的任意位置。

学校宣传页完成后的效果如图 3-33 所示。

图 3-33

任务实现

完成"图文混排：制作学校宣传页"任务，掌握每个步骤对应的知识技能。

步骤 1：艺术字

艺术字是一种具有特殊效果的文字，结合了文字和图形的特点，使文本具有了图形的某些属性，如旋转、三维、映像等效果，使整个文档看上去更有感染力。

插入艺术字的操作步骤如下。

- 将光标定位至文档中要插入艺术字的位置。
- 单击"插入">"文本">"艺术字"按钮，在展开的下拉列表中选择需要的艺术字样式，如图 3-34 所示。
- 单击想要的艺术字样式，此时艺术字是作为文本框插入文档中，用户单击艺术字，输入需要的文字。

若要对插入的艺术字进行编辑，可单击艺术字，在"格式"选项卡的"艺术字样式"组中，出现"文本填充""文本轮廓""文本效果"按钮，使用它们对艺术字进行调整，如图 3-35 所示。

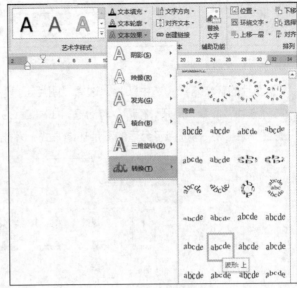

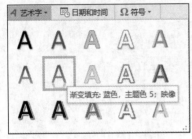

图 3-34   图 3-35

步骤 2：插入图片

往文档中插入图片，可以加强文档的直观性与艺术性。插入的图片可以随意放在文档中的任何位置，实现图文混排。在 Word 2016 中，插图有多种形式，如图 3-36 所示。

插入图片的操作步骤如下。

- 将光标定位至文档中要插入图片的位置。
- 单击"插入"＞"插图"＞"图片"按钮，在弹出的"插入图片"对话框中，选择要插入的图片，单击"插入"按钮，如图 3-37 所示。

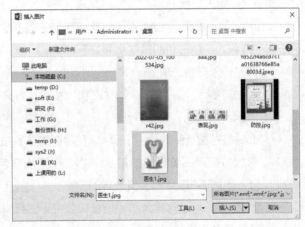

图 3-36   图 3-37

插入图片后，需要对图片进行操作，包括调整图片的大小、改变图片与文字的位置关系，以及改变图片的样式等。选中图片，在"图片工具"＞"格式"选项卡中有对图片进行相应操作的按钮，如图 3-38 所示。

图 3-38

设置图片的环绕方式：选中图片，选择"图片工具">"格式">"排列">"文字环绕">"其他布局选项"命令，打开"布局"对话框，如图 3-39 所示。选定合适的图片环绕方式后，单击"确定"按钮。只有选择了合适的图片环绕方式，才能对图片进行进一步操作。

图 3-39

步骤 3：插入形状

Word 2016 提供了 300 多种能够任意变形的形状工具，用户可以使用这些工具在文档中绘制所需的形状。绘制形状的操作步骤如下。

- 选定插入形状的位置。
- 单击"插入">"插图">"形状"按钮，打开下拉列表，选中需要的形状，如图 3-40 所示。
- 此时鼠标指针变成"+"形状，在需要的位置按住鼠标左键拖动鼠标，绘制形状。绘制的形状将应用系统预设的形状样式，包括填充色、边框线条粗细和颜色等。绘图时按住【Shift】键可以绘制长宽一样的图形。

插入形状后，可以对其大小、位置和颜色等进行修改，操作步骤如下。

- 选定需要编辑的形状。
- 在"绘图工具">"格式">"大小"组中的"高度"和"宽度"文本框中输入需要的数值。
- 单击"绘图工具">"格式">"形状样式">"形状填充"按钮右侧的下拉按钮，在弹出的下拉列表中选择需要的色块，如图 3-41 所示。

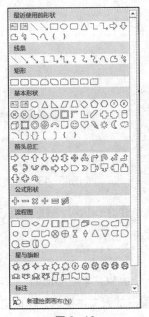

图 3-40

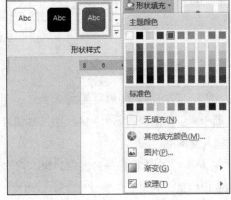

图 3-41

- 单击"绘图工具">"格式">"形状样式">"形状效果"按钮右侧的下拉按钮，在弹出下拉列表中选择需要的形状效果。

在任何一个形状中，可以添加说明文字，操作步骤如下。

- 在要添加文字的形状上右击，在快捷菜单中选择"添加文字"命令。
- 在光标处输入要添加的文字。

组合图形对象是指将绘制的多个图形对象组合在一起，以便把它们作为一个新的整体对象来移动或更改，操作步骤如下。

- 在文档中选中所有要组合的图形。
- 单击"绘图工具">"格式">"排列">"组合"下拉按钮，在弹出的下拉列表中选择"组合"选项，即可将多个图形组合为一个整体。

步骤 4：插入 SmartArt 图形

SmartArt 图形用于将文字量少、层次较明显的文本转换为更有助于读者理解、记忆的文档插图。SmartArt 图形包括 8 类，分别是列表、流程、循环、层次结构、关系、矩阵、棱锥图和图片，用户可以根据自己的需要创建不同的 SmartArt 图形，操作步骤如下。

- 选定插入 SmartArt 图形的位置。
- 单击"插入">"插图">"SmartArt 图形"按钮，打开"选择 SmartArt 图形"对话框，如图 3-42 所示。
- 在"选择 SmartArt 图形"对话框左侧选择需要的类型，在右侧选择需要的图形，单击"确定"按钮。文档中就出现需要的 SmartArt 图形了。
- SmartArt 图形的左侧是"在此处键入文字"对话框，如图 3-43 所示。此时只需在左侧的对话框中输入文本内容。

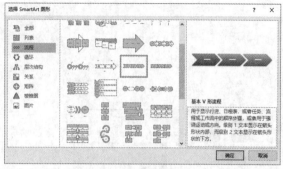

图 3-42

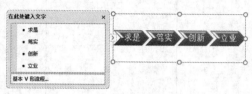

图 3-43

SmartArt 图形创建好后，如果需要编辑修改，可以选定该 SmartArt 图形，会出现"格式"选项卡，该选项卡中包括所有的 SmartArt 图形编辑修改命令按钮。

步骤 5：插入文本框

在 Word 2016 中，文本框是一种图形对象，它作为一个盛放文本或图形的"容器"，可以放置在页面上的任何位置，并可以任意调整大小。将文本或图形放入文本框后，可以进行一些特殊的处理。例如，更改文字方向、设置文字环绕或者向图形中添加文字等。

在文档中插入文本框的操作步骤如下。

- 单击"插入">"文本组">"文本框"按钮，打开下拉列表，如图 3-44 所示。
- 在展开的下拉列表中选择需要的文本框样式，此时在文档中已经插入了该样式的文本框，然后在文本框中输入文本内容并编辑格式，如图 3-45 所示。

图 3-44

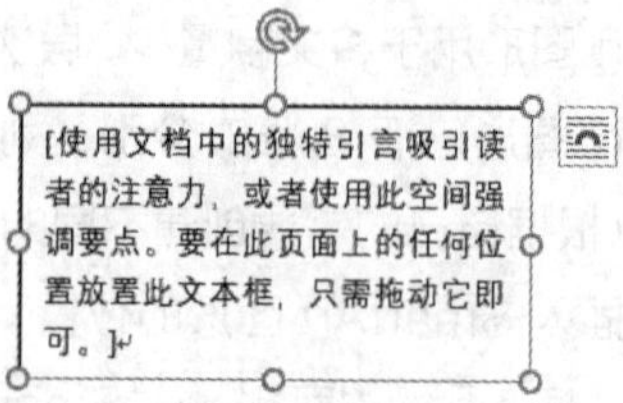

图 3-45

在 Word 2016 中，文本框是一个图片对象，所有对图片的操作都可以用在文本框上，如改变文本框的大小、边框、填充颜色及环绕模式等。

步骤 6：插入表格

表格由若干行与列组成，行与列交叉形成的方框称为单元格。

（1）利用网格创建表格

利用网格创建表格的操作步骤如下。

- 将光标定位到要插入表格的位置。
- 单击"插入">"表格">"表格"按钮，在弹出的下拉列表中的网格内移动鼠标，选择需要的表格，如图 3-46 所示。
- 选择好网格后单击，即可在文档中插入表格。

（2）利用"插入表格"对话框创建表格

利用"插入表格"对话框创建表格的操作步骤如下。

- 将光标置于要插入表格的位置。
- 选择"插入">"表格">"表格">"插入表格"命令，打开"插入表格"对话框，如图 3-47 所示。
- 在"表格尺寸"选项区中分别设置所需的"列数"和"行数"，单击"确定"按钮。

图 3-46

图 3-47

（3）编辑表格

创建表格之后，还需要对表格进行编辑。选定表格后，在 Word 2016 中会出现关于表格的"设计"和"布局"选项卡，其中包含了所有对表格的操作命令，如图 3-48 所示。

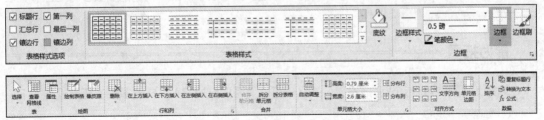

图 3-48

往表格中插入新行或列。将光标置于表格中，单击"布局">"行和列">"在上方插入"、"在下方插入"、"在左侧插入"或"在右侧插入"按钮，即可插入行或列。

在表格中删除单元格、行或列。选定要删除的相邻单元格、行或列，如果要删除整个表格，把光标放在表格中的任意位置。单击"布局">"行和列">"删除"按钮，在弹出的下拉列表中选择需要的选项，即可完成删除操作。清除是指删除表格、行、列或单元格中的内容，不影响表格线。

设置行高与列宽。把光标置于表格内，通过拖动行线、列线来调整表格的行高与列宽，也可以通过拖动标尺上的滑块来调整。要准确地设置行高与列宽，可以选定要设置行高或列宽的单元格、行或列，在"布局">"单元格大小"组中的"高度"或"宽度"文本框中输入需要的数据。

合并单元格。对表格进行编辑时，有时需要将相邻的多个单元格合并起来，操作方法是选定要合并的多个单元格，单击"布局">"合并">"合并单元格"按钮。

拆分单元格。拆分单元格是合并单元格的反过程，即把某些单元格拆分成多个单元格，操作方法是选定要拆分的单元格，单击"布局">"合并">"拆分单元格"按钮，打开"拆分单元格"对话框，输入所需的列数和行数。

（4）表格公式

在 Word 2016 中，可以用公式把计算结果填充到单元格中，操作步骤如下。

- 选定需要插入运算结果的单元格（如 B5）。
- 单击"表格工具">"布局">"数据">"公式"按钮，打开"公式"对话框。
- 在对话框的"公式"文本框中输入"=SUM（ABOVE）"，单击"确定"按钮，如图 3-49 所示。

图 3-49

其中，SUM 为函数，表示求和。ABOVE 是参数，表示向上，常用的参数还有 LEFT，表示向左。

能力拓展

掌握上述技能可以完成海报设计，并且还可以使海报更加精美，需要掌握的拓展操作如下。

（1）首字下沉

首字下沉是为段落的第一字设置的特殊格式，以达到醒目效果。设置首字下沉的操作步骤如下。

- 选定首字下沉的段落。

- 选择"插入">"文本">"首字下沉">"首字下沉选项"命令，打开"首字下沉"对话框进行设置，单击"确定"按钮，如图 3-50 所示。

（2）边框和底纹

在 Word 2016 中，可以对文字、段落和页面设置边框和底纹。设置边框和底纹的操作步骤如下。

- 选定需要设置边框和底纹的对象（文字或段落）。
- 选择"设计">"页面背景">"页面边框"命令，打开"边框和底纹"对话框。
- 设置合适的边框和底纹，单击"确定"按钮，如图 3-51 所示。

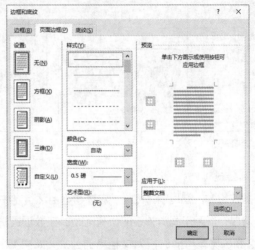

图 3-50   图 3-51

其中，"边框"选项卡可为选定的段落添加边框；"页面边框"选项卡可为页面添加边框（但不能添加底纹）；"底纹"选项卡可为选定的段落添加底纹，设置背景的颜色和图案等。

（3）邮件合并

邮件合并用于创建信函、信封、标签等各种套用的文档。它是通过合并一个主文档和一个数据源来实现的。主文档包含文档中固定不变的正文，数据源包含文档中要变化的内容。

邮件合并需要两个文档，分别是主文档和数据源文档，如图 3-52 所示。邮件合并的操作就是把数据源的数据内容插入主文档中，产生多个内容相近的文本。

图 3-52

邮件合并的操作步骤如下。

- 打开主文档，单击"邮件">"开始邮件合并">"开始邮件合并"按钮，在弹出的下拉列表中，选择一种文档类型，如图 3-53 所示。

- 单击"邮件">"开始邮件合并">"选择收件人"按钮，在下拉列表中选择"键入新列表"选项，如图 3-54 所示。打开"选择数据源"对话框，在对话框中选择已准备好的数据源文件，单击"打开"按钮。
- 将光标定位在主文档中要插入域的位置，单击"邮件">"编写和插入域">"插入合并域"按钮，在弹出的下拉列表中选择合适的选项，重复操作，插入所有的合并域，效果如图 3-55 所示。
- 单击"邮件">"完成">"完成并合并"按钮，在下拉列表中选择合适的选项，完成邮件合并，产生一个合并后的新文档。

图 3-53   图 3-54   图 3-55

（4）插入公式

公式是指在数学、物理学、化学、生物学等自然科学中用数学符号表示几个量之间关系的式子。公式具有普遍性，适用于同类关系的所有问题。在数理逻辑中，公式是表达命题的形式语法对象。

Word 2016 具有可随时插入文档中的公式。如果 Word 2016 内置公式不能满足需要，可以编辑、更改现有公式或从头开始编写自己的公式。操作步骤如下。

单击"插入">"符号">"公式"按钮，在下拉列表中选择要插入的公式类型，完成内置公式的插入，如图 3-56 所示。也可以选择"插入新公式"命令，创建自己的公式。

图 3-56

（5）主题

Word 2016 中的主题将装饰性样式（如字体和颜色）应用于文档，从而使文档的格式更规范。快速设置文档格式的操作步骤如下。

单击"设计">"主题"按钮，打开下拉列表，如图 3-57 所示，选择合适的主题。

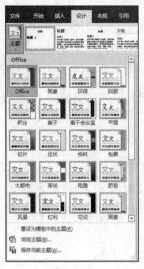

图 3-57

任务考评

【图文混排：制作学校宣传页】考评记录

学生姓名		班级		任务评分	
实训地点		学号		完成日期	

	序号	考核内容	标准分	评分
任务实现步骤	基本操作 40 分	新建空白文档	5	
		插入艺术字	5	
		输入图片	15	
		插入形状	5	
		插入 SmartArt 图形	5	
		插入文本框	5	
	拓展操作 30 分	首字下沉	5	
		边框和底纹	10	
		邮件合并	5	
		插入公式	10	
	综合效果 10 分	整体效果是否协调、是否符合使用习惯	10	
	职业素养 20 分	实训管理：纪律、清洁、安全、整理、节约等	5	
		团队精神：沟通、协作、互助、自主、积极等	5	
		工单填写：清晰、完整、准确、规范、工整等	5	
		学习反思：技能点表达、反思内容等	5	
教师评语				

【任务 3】 长文档编辑：编排毕业论文

任务描述

论文、图书等文档的篇幅较长，章节层次较多，注重样式统一，大都有目录。大学毕业前要完成的最后一项任务是撰写毕业论文。

任务分解

分析上面的工作情境得知，我们需要掌握以下知识。

毕业论文通常是一篇较长的有文献资料佐证的学术论文，是高等学校毕业生提交的有一定学术价值和学术水平的文章。它是大学生从理论基础知识学习到从事科学技术研究与创新活动的最初尝试。

在写毕业论文时，有以下几点需要注意。

- 注意段落与章节之间的逻辑性。理学方面的毕业论文还应当注意理论论证的严密性和知识的系统性，同时论述要以论题为核心展开。
- 论文的阐述应客观，一般采用第三人称叙述，尽量避免使用第一人称。
- 论文内容的叙述要详略得当，注意避免重复。对于有新意、有争论的观点，则要讲透，绝不能吝惜笔墨。

任务目标

- 封面设计：为毕业论文设计封面。
- 分节符：将不同的内容设置为不同的节。
- 页眉、页脚：为论文设置页眉、页脚。
- 样式设置：为论文不同级别的标题设置样式。
- 目录：为论文设置目录。

示例演示

要完成本次"长文档编辑：编排毕业论文"的任务，可以按下列步骤进行。

- 封面设计：通常学校对毕业论文的封面都有固定的要求。
- 分节：通过分节，为不同的节设置不同的页面格式。
- 样式：通过样式对重复的格式进行快速设置。
- 目录：快速自动生成目录。
- 脚注和尾注：脚注和尾注是论文格式的要求。

毕业论文编排完成后的封面效果如图 3-58 所示。

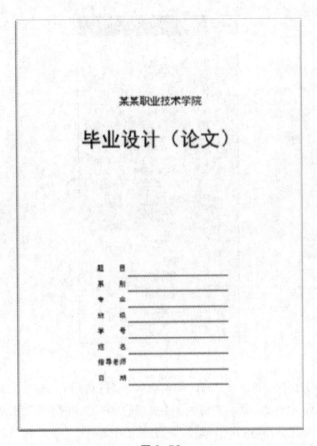

图 3-58

任务实现

完成"长文档编辑：编排毕业论文"任务，掌握每个步骤对应的知识技能。

步骤 1：插入分节符

节是文档的基本单位，分节符是为表示"节"结束而插入的标记。在 Word 2016 中，一个文档可以分为多个节，每节都可以根据需要设置各自的格式，而不影响其他节的格式。在 Word 2016 中可以以节为单位设置页眉页脚、段落编号或页码等内容。

按毕业论文格式要求，论文的封面为一节，目录、摘要为一节，正文、结论、致谢和参考文献为一节，全文需要分为 3 个小节。在文档中插入分节符的操作步骤如下。

- 将光标定位在需要分节的位置。
- 单击"布局">"页面设置">"分隔符"按钮，在下拉列表中选择"下一页"选项，完成第一个分节符的插入，如图 3-59 所示。

其中，"下一页"选项表示在插入分节符处进行分页，下一节从下一页开始；"连续"选项表示在光标的位置插入分节符；"偶数页"选项表示从偶数页开始建新节；"奇数页"选项表示从奇数页开始建新节。

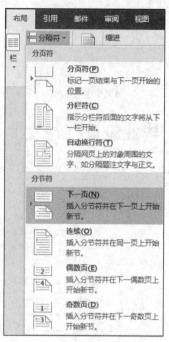

图 3-59

分节符的上面是分页符，Word 2016 具有自动分页的功能。当输入的文本或插入的图形满一页时，Word 2016 会自动分页。有时为了将文档的某一部分内容单独形成一页，可以插入分页符进行人工分页。插入分页符的操作同插入分节符的相同。

步骤 2：插入页眉和页脚

页眉在页面的顶部，页脚在页面的底部。通常在页眉和页脚中添加文档注释内容，如时间、日期、页码或单位名称等。插入页眉的操作步骤如下。

- 将光标定位于要插入页眉的页面中。
- 单击"插入"＞"页眉"＞"页眉"按钮，在弹出的下拉列表中选择"编辑页眉"命令，切换到页眉编辑状态，如图 3-60 所示。

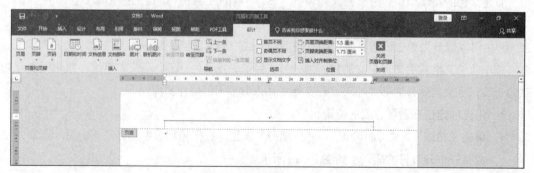

图 3-60

- 在页眉编辑状态下，可输入内容。也可以使用"设计"选项卡中的按钮进行编辑操作。页脚的插入与页眉的插入方法相同，在此不再详述。

页码是书籍或者文档的每一页面上标明次序的号码。页码的作用主要是便于阅读和读者检索，尤其是长文档应设置合适的页码。插入页码的步骤如下。

单击"插入">"页眉页脚">"页码"按钮，在下拉列表中可以选择页码的插入位置，也可以设置页码格式，如图 3-61 所示。在下拉列表中，选择"设置页码格式"命令，弹出"页码格式"对话框，如图 3-62 所示。

图 3-61

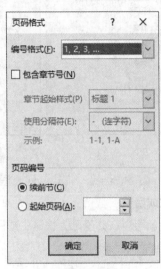

图 3-62

步骤 3：设置样式和格式

在 Word 2016 编排文档的过程中，使用样式格式化文档，可以简化文档的格式设置操作，节省文档编排时间，加快编辑速度，同时确保文档中格式的一致性。

（1）样式

样式是字体、字号和缩进等格式设置特性的组合，常用于重复使用固定格式的文档中。Word 2016 提供了多种标准的样式，并将样式和格式列表放到"样式"窗格中，编辑文档时每次设置的新样式，都会在 Word 2016 的"样式"窗格中显示出来，这样就可以方便地使用自定义的样式。当修改一个样式时，文档中应用此样式的部分也会随之改变。

（2）创建样式

使用样式首先要创建样式，创建样式的步骤如下。

- 将光标置于论文结尾。
- 单击"开始">"样式">"对话框启动器"按钮，打开"样式"窗格，如图 3-63 所示。
- 单击"样式"窗格左下角的"新建样式"按钮，打开"根据格式化创建新样式"对话框。
- 在"根据格式化创建新样式"对话框中，选择合适的选项，单击"确定"按钮，完成新样式的创建。

（3）应用样式

新建样式设置完成后，就可以应用这些样式了，应用样式的步骤如下。

- 将光标定位到需要应用样式的行中。

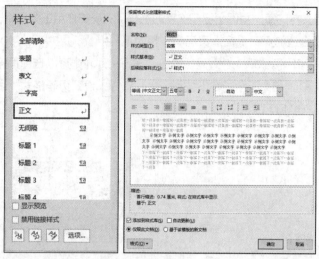

图 3-63

- 打开"样式"窗格，选择"样式"列表框中的具体样式，完成样式的应用。

步骤 4：自动生成目录

样式设置好后，就可以在此基础上快速生成目录了，操作步骤如下。

- 将光标定位到插入目录的位置。
- 单击"引用">"目录">"目录"按钮，在弹出的下拉列表中选择"自定义目录"命令，打开"目录"对话框，如图 3-64 所示。
- 在"目录"选项卡中，单击"选项"按钮，弹出"目录选项"对话框，如图 3-65 所示。选择合适的选项后，单击"确定"按钮，返回"目录"对话框，单击"确定"按钮，即可创建目录。

图 3-64

图 3-65

如果要对生成的目录进行修改，则和普通的文本格式设置方法一样；如果要分别对目录中的标题 1、标题 2 和标题 3 的格式进行不同的设置，则需要修改目录样式。

步骤 5：编辑脚注和尾注

脚注一般位于页面的底部，可以作为对文档某处内容的注释；尾注一般位于文档的末尾，用于列出引文的出处等。

以脚注的插入为例，操作步骤如下。

- 将光标定位于要插入脚注的内容后。
- 单击"引用"＞"脚注"＞"插入脚注"按钮，将光标置于文本下端。
- 输入脚注内容，完成脚注的插入。

尾注的插入与脚注的插入方法相同，在此不再详述。

能力拓展

掌握上述技能可以完成论文编排，但毕业论文还需要打印输出，上交给老师，因此还需要掌握如下拓展操作。

（1）页面设置

页面设置主要包括纸张大小、页边距、页面的修饰（页眉、页脚和页号）等的设置操作。应该在文档编辑操作之前进行页面设置。Word 2016 允许按系统的默认设置先输入文档，用户可以随时对页面重新进行设置。单击"页面布局"＞"页面设置"＞"对话框启动器"按钮，弹出"页面设置"对话框，如图 3-66 所示，在其中可以进行页面设置。

图 3-66

"页面设置"对话框中有 4 个选项卡："页边距""纸张""版式""文档网格"。

- "页边距"选项卡用于设置文本与纸张的上、下、左、右边界的距离，如果文档需要装订，可以设置装订线与边界的距离。还可以在该选项卡中设置纸张的打印方向，默认为纵向。

- "纸张"选项卡用于设置纸张的大小（如 A4），如果系统提供的纸张规格都不符合要求，可以选择"自定义大小"选项，并在"宽度"和"高度"文本框内输入数值。还可以设置打印时的纸张来源。

- "版式"选项卡用于设置页眉与页脚的特殊格式（首页不同或奇偶页不同），为文档添加行号、为页面添加边框等。如果文档未占满一页，可以设置文档在垂直方向的对齐方式（顶端对齐、居中对齐或两端对齐）。

- "文档网格"选项卡用于设置每页固定的行数和每行固定的字数，也可只设置每页固定的行数，还可设置在页面上显示字符网格、对齐文字与网格等。

（2）打印设置

文档编辑完成后，最后一步就是将文档打印输出为成品。打印的操作方法为，选择"文件" > "打印"命令，出现"打印"参数和打印预览效果，如图 3-67 所示。

设置打印参数后，如果预览效果满意，就单击"打印"按钮，完成打印。

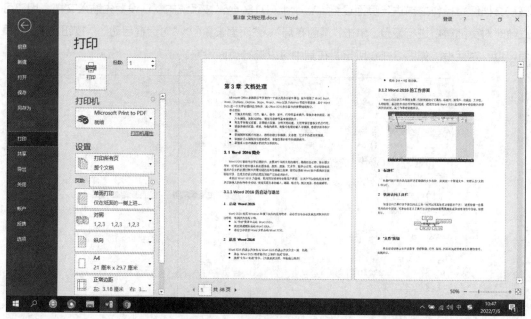

图 3-67

（3）多人共享协作编辑文档

利用"共享"按钮，实现多人在线共同审阅或编辑文档，操作步骤如下。

- 使用微软账号登录 Word 2016，选择"文件" > "另存为" > "OneDrive"命令，打开相应文件夹，选择保存位置，将 Word 文档保存到 OneDrive。

- 选择"文件" > "共享" > "与人共享" > "与人共享"命令，如图 3-68 所示。输入要共享的人员的电子邮件地址，将他们的权限设置为"可以编辑"或"可查看"，单击"共享"按钮，实现文档的共享。

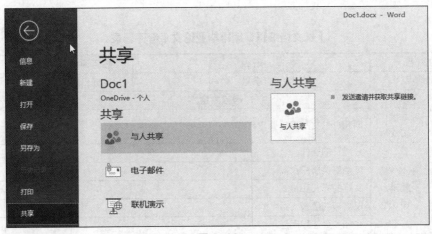

图 3-68

- 收到含有共享文档链接邮件的人员，单击带链接的文档名称，打开共享文档，实现多人在线编辑。

（4）Word 封面

用户可以自己制作论文文档封面，Word 2016 提供"封面"按钮，可以快速制作文档封面。操作步骤如下。

- 单击"插入"＞"页面"＞"封面"按钮，如图 3-69 所示。
- 在弹出的下拉列表中选择合适的样式，在插入的封面的相应位置填充相应的内容即可。

图 3-69

任务考评

【长文档编辑：编排毕业论文】考评记录

学生姓名		班级		任务评分	
实训地点		学号		完成日期	

	序号	考核内容	标准分	评分
任务实现步骤	基本操作 10 分	期刊、论文的编排要求格式	10	
	长文档编排 40 分	分隔符的操作	5	
		文档的页眉和页脚	10	
		文档的样式和格式	10	
		长文档的目录	10	
		文档的脚注和尾注	5	
	能力拓展 20 分	文档的页面设置	5	
		文档的打印设置	5	
		多人共享协作编辑文档	5	
		文档封面制作	5	
	综合效果 10 分	整体效果是否协调、是否符合使用习惯	10	
	职业素养 20 分	实训管理：纪律、清洁、安全、整理、节约等	5	
		团队精神：沟通、协作、互助、自主、积极等	5	
		工单填写：清晰、完整、准确、规范、工整等	5	
		学习反思：技能点表达、反思内容等	5	
教师评语				

模块小结

Word 2016 是现代办公必不可少的软件，学习方法应该是实践大于理论，这样有利于用户熟练掌握 Word 2016 在实际应用中的各种技巧。

本模块从实际应用的角度出发，精选任务知识点，包含文档的创建、打开、输入、保存等基本操作；文本的选定、插入与删除、复制与移动、查找与替换等基本编辑技术；字体格式设置、段落格式设置、文档页面设置、文档背景设置和文档分栏等基本排版技术；表格的创建、修改、修饰，表格中数据的输入与编辑，数据的排序和计算；图形和图片的插入，图形的建立和编辑；文本框、艺术字的使用和多人在线编辑等知识。

课后练习

一、选择题

1. Word 2016 文档的扩展名是（　　）。

    A. docx   B. txt   C. wps   D. xls

2. Word 2016 中的段落标记符是通过（　　　）产生的。

    A. 插入分栏符　　　　B. 插入分页符　　　　C. 按【Enter】键　　D. 按【Insert】键

3. 在 Word 2016 中，关于页眉和页脚的设置，下列叙述错误的是（　　　）。

    A. 允许为文档的第一页设置不同的页眉和页脚

    B. 允许为文档的每节设置不同的页眉和页脚

    C. 允许为偶数页和奇数页设置不同的页眉和页脚

    D. 不允许页眉或页脚的内容超出页边距范围

4. 在 Word 2016 的编辑状态，进行字体设置操作后，按新设置的字体显示的文字是（　　　）。

    A. 光标所在段落中的文字　　　　　　　　B. 文档中被选择的文字

    C. 光标所在行中的文字　　　　　　　　　D. 文档的全部文字

5. 在文档中每一页都需要出现的内容应当放到（　　　）中。

    A. 对象　　　　　　　B. 页眉与页脚　　　　C. 文本　　　　　　　D. 文本框

6. 在 Word 2016 的编辑状态，执行"粘贴"命令后（　　　）。

    A. 文档中被选择的内容被复制到当前光标处

    B. 文档中被选择的内容被移到剪贴板

    C. 剪贴板中的内容被移到当前光标处

    D. 剪贴板中的内容被复制到当前光标处

7. 在 Word 2016 的文档中，对选中的文字无法实现的操作是（　　　）。

    A. 排序　　　　　　　B. 加下划线　　　　　C. 设置动态效果　　　D. 加粗

8. 在 Word 2016 的文档中，每个段落都有自己的段落标记，段落标记的位置在（　　　）。

    A. 段落的首部　　　　B. 段落的中间　　　　C. 段落的结尾处　　　D. 段落的每一行

9. 在下列关于 Word 2016 的叙述中，正确的是（　　　）。

    A. 在文档中输入时，凡是已经显示在屏幕上的内容，都已经被保存在硬盘上

    B. 表格中的数据可以按行进行排序

    C. 用"粘贴"操作把剪贴板的内容粘贴到文档中的光标处以后，剪贴板的内容将不再存在

    D. 必须选定文档编辑对象，才能进行"剪切"或"复制"操作

10. 在 Word 2016 中，能实现格式复制功能的常用工具是（　　　）。

    A. 恢复　　　　　　　B. 格式刷　　　　　　C. 粘贴　　　　　　　D. 复制

二、操作题

1. 依据自己的情况，制作一份个人简历，以学号为文件名保存。

2. 制作一份宿舍宣传页，介绍自己的宿舍，以宿舍号为文件名保存。

模块4
电子表格处理

04

学习导读

　　电子表格处理是信息化办公的重要组成部分，在数据分析和处理中发挥着重要的作用，广泛应用于财务、管理、统计、金融等领域。

　　Microsoft Office Excel 是微软公司出品的 Office 系列办公软件中的一个组件，主要用于创建和编辑电子表格，进行数据的复杂运算、分析和预测，完成各种统计图表的绘制。

学习目标

- 知识目标：了解 Excel 2016 的工作界面与特点，熟悉 Excel 2016 的窗口布局和组成。
- 能力目标：掌握 Excel 2016 工作簿的基本操作，如打开、复制、保存等，掌握单元格、行和列的相关操作；掌握快速录入工作表数据的操作，如控制句柄、设置数据有效性、序列填充和数据导入等，熟悉公式和函数的使用；掌握单元格绝对地址和相对地址的概念，如平均值、最大值、最小值、求和、计数等；掌握工作表数据的高级处理方法，如自动筛选、自定义筛选、高级筛选、排序、分类汇总、数据透视表创建等。
- 素质目标：提升利用计算机处理数据的意识和能力；提升将庞大且复杂的数据转换为比较直观的表格和图表的能力；提升灵活运用所学知识进行 Excel 2016 中数据处理、提取和展示的能力。

相关知识——Excel 2016

模块 4　电子表格
处理

　　Excel 2016 在 Office 办公软件中的功能是数据信息的统计和分析。它能创建二维电子表格，能以快捷方便的方式建立报表、图表和数据库。用户可以利用 Excel 2016 提供的函数（表达式）与丰富的功能，对电子表格中的数据进行统计和数据分析。Excel 2016 为用户在日常办公中从事一般的数据统计和分析提供了一个简易快速平台。

　　本模块讲解 Excel 2016 的使用，让用户轻松掌握快捷建立表格，运用函数和功能区进行统计和数据分析，建立图表的技能。

4.1 Excel 2016 的启动与退出

1. 启动 Excel 2016

Excel 2016 的启动方法与 Word 2016 的启动方法完全一致，同样可通过以下几种方式完成。

- 从"开始"菜单中启动 Excel 2016。
- 通过快捷图标启动 Excel。
- 通过已存在的 Excel 文档启动 Excel 2016。

2. 退出 Excel 2016

Excel 2016 的退出方法也与 Word 2016 的退出方法完全一致，常用的方法有如下 3 种。

- 单击 Excel 2016 工作界面右上角的"关闭"按钮。
- 选择"文件"→"关闭"命令。(只能关闭文档，不能退出程序。)
- 按组合键【Alt + F4】。

4.2 Excel 2016 的工作界面

启动 Excel 2016 后，其工作界面如图 4-1 所示。Excel 2016 的工作界面主要包括标题栏、选项卡、功能区、快速访问工具栏、名称框、编辑栏、工作区等。

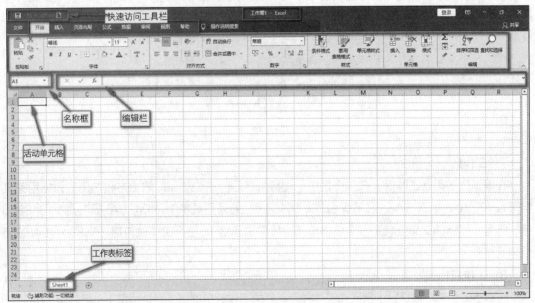

图 4-1

1. 标题栏

标题栏用于显示当前窗口程序或文档窗口所属程序或文档的名字，如"工作簿 1-Excel"。此处"工作簿 1"是当前工作簿的名称，"Excel"是应用程序的名称。如果又建立了另一个新的工作簿，Excel 自动将其命名为"工作簿 2"，依此类推。在其中输入了信息后，需要保存工作簿时，用户可以另取一个与表格内容相关的更直观的名字。

2. 选项卡

选项卡包括"文件""开始""插入""页面布局""公式""数据""审阅""视图"等。用户可以根据需要选择选项卡进行切换。

3. 功能区

每一个选项卡都对应一个功能区，功能区命令按逻辑组织在一起，旨在帮助用户快速找到完成某一任务所需的命令按钮。为了使屏幕更为整洁，可以单击窗口右上角的"功能区的显示选项"按钮打开或关闭功能区。

4. 快速访问工具栏

快速访问工具栏位于窗口的左上角（也可以将其放在功能区的下方），通常放置一些最常用的命令按钮，可单击"自定义快速访问工具栏"按钮，根据需要删除或添加常用命令按钮。

5. 名称框

名称框用于显示（或定义）活动单元格或区域的地址（或名称）。单击名称框旁边的下拉按钮可弹出一个下拉列表，该下拉列表列出所有已自定义的名称。

6. 编辑栏

编辑栏用于显示当前活动单元格中的数据或公式。可在编辑栏中输入、删除或修改单元格的内容。编辑栏中显示的内容与当前活动单元格中的内容相同，但显示方式可能不同，如图 4-2 所示。

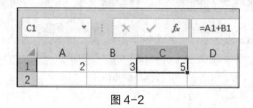

图 4-2

7. 工作区

在编辑栏下面是工作区，在工作区中，列标与行号分别位于窗口的上方和左侧。列标用英文字母 A~Z、AA~AZ、BA~BZ 等命名，共 16484 列；行号用数字 1~1048576 标识，共 1048576 行。行号和列标的交叉处就是一个表格单元（简称单元格）。整个工作表包括 16484×1048576 个单元格。

8. 工作表标签

工作表的名称（或标题）出现在工作界面底部的工作表标签上，默认情况下，名称是 Sheet1、Sheet2 等，但用户也可以为任何工作表指定一个更恰当的名称。

9. 单元格

单元格（Cell）是工作表最基本的单位，工作表中的一个格子称为一个单元格。每一个单元格都有一个单元格地址。单元格地址用于指明单元格在工作表中的位置，一个地址唯一地表示一个单元格。数据的录入和编辑是针对当前单元格或指定的区域进行的。单元格地址的一般格式为"工作表！列号行号"，例如，A5 表示第 A 列第 5 行的单元格，Sheet2!B3 表示工作表 Sheet2 的第 B 列第 3 行的单元格。

通常单元格地址有以下 3 种表示方法。

- 相对地址，以列号和行号组成，如 A1、B3、F8 等。
- 绝对地址，以列号和行号前加上符号"$"构成，如$A$1、$B$3、$F$8 等。
- 混合地址，以列号或行号前加上符号"$"构成，如 A$1，$B3 等。

10. 活动单元格

活动单元格（Active Cell）指当前正在操作的单元格，它的边框线变为粗线，同时该单元的地址显示在编辑栏的名称框里。此时用户可对该单元格进行数据的输入、修改或删除等操作。

11. 表格区域

表格区域（Range）是由工作表中多个连续单元格组成的矩形块。可以对定义的表格区域进行各种各样的编辑和操作，如复制、移动、删除等。引用一个区域可以用矩形对角的两个单元地址表示，中间用冒号"："相连，如 B2：C5 表示的单元格区域如图 4-3 所示。如果需要指明多个区域，则区域间用逗号"，"分开。也可以给区域命名，然后通过名字来引用。

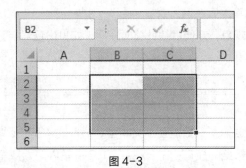

图 4-3

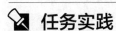 **任务实践**

【**任务 1**】 **工作表录入：员工信息表的数据输入**

将创建工作表的任务分成两个子任务，包括员工信息表的录入和员工信息表的编辑。

任务描述

小张同学在 A 公司实习期间，A 公司刚好到了工作调整期间，为此，经理要求小张完成如下任务。

- 对员工基本信息进行核实、统计、整理。

任务分解

分析上面的工作情境得知，我们需要完成下列任务。

- 工作表的创建：创建工作簿，为工作表命名。
- 工作表的录入：工作表中多格式数据的录入。
- 快速录入：通过序列快速录入数据。
- 数据验证：保证数据录入的正确性。

分析上面的工作情境得知，我们需要掌握以下知识。

利用电子表格处理数据时，首先要根据任务需求设计出合适的数据项。如要用到工龄时，不能设计"工龄"数据项，因为每年的工龄是变化的，而应该设计"参加工作时间"。在数据处理时尽可能完整地收集相关数据。例如，员工信息一般包括员工的工号、姓名、性别、出生年月、部门、职务、职称、学历、联系电话、基本工资、工作地区等内容，收集后方便后面对工龄工资、岗位工资、职称工资、学历工资、地区补贴等进行调整。

总而言之，输入原始数据时，要满足以下要求：

- 完整：数据项目应尽可能考虑周全，后面计算时要使用的数据尽量在前期就准备好，尽量避免需要用到的数据没有录入的情况发生。
- 准确：原始数据的输入应准确无误。
- 规范：数据录入要规范，方便后续计算时使用（如身份证号应是"文本"型数据，而不是"数值"型数据）。

任务目标

- 不同类型的原始数据输入：数值型、文本型、日期时间型、逻辑型。
- 快速、准确地输入数据的技巧：在 Excel 2016 中输入原始数据时，除了直接输入外，还可以灵活利用自动填充、数据验证等功能提高输入速度，同时也能减少错误输入。
- 基本的 Excel 操作：如工作表的操作、行和列的调整等。

示例演示

要完成"工作表录入：员工信息表的数据输入"任务，在具体操作前，需要收集公司全体员工的信息，并设计出合适的数据项。

在具体创建过程中，可以按下列步骤完成。

- 输入数据：按要求输入各项数据，注意数据类型要设置正确。
- 调整表格：按需要调整数据，如增加、删除行或列等。
- 美化表格：将表格美化，使之更符合使用习惯。

完成员工信息表的录入后，效果如图 4-4 所示。

	A	B	C	D	E	F	G
1	A公司员工信息表						
2	编号	姓名	部门	参加工作时间	基本工资	性别	身份证号
3	001	赵亮	办公室	2013-5-7	2000	男	42242120130507336
4	002	汪秋月	办公室	2019-10-5	1500	女	42242120191005265
5	003	曾沥	销售部	2000-8-6	2500	男	42242120000806755
6	004	刘蓝	销售部	2009-4-7	1400	男	42242120090407576
7	005	王兵	销售部	2002-12-8	1300	男	42242120021208438
8	006	曾冉	办公室	2007-4-25	1700	女	42242120070425889
9	007	王岗	后勤部	1993-4-5	2500	女	42242119930405468
10	008	李萧萧	后勤部	2019-8-9	1300	男	42242120190809356
11	009	张静	制造部	1996-4-7	3500	男	42242119960407678
12	010	陈杨	后勤部	1997-10-5	2500	男	42242119971005234
13	011	杨苗	制造部	2013-4-21	1300	男	42242201304212356
14	012	李忆如	制造部	2015-9-21	1300	女	42242121050921563
15	013	王军	销售部	2014-4-9	1300	男	42242201404094515
16							

图 4-4

任务实现

完成"工作表录入：员工信息表的数据输入"任务，掌握每个步骤对应的知识技能。

步骤 1：新建工作簿

启动 Excel 2016 时，会自动创建名为"工作簿 1-Excel"的新工作簿。也可以在 Excel 2016 中打开"文件"菜单，选择"新建"命令。单击"空白工作簿"按钮，然后单击"创建"按钮或者直接双击"空白工作簿"按钮，如图 4-5 所示，Excel 2016 将会新建一个空白的 Excel 文档。

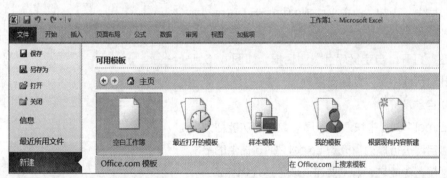

图 4-5

同 Word 2016 一样，在 Excel 2016 中还可以使用模板建立新的 Excel 文档，模板是预先定义好格式的 Excel 工作簿。

步骤 2：输入标题、输入列标题

选中 A1 单元格，输入员工信息表的标题，从 A2 单元格开始，依次输入列标题。

步骤 3：输入姓名、基本工资

输入单元格内容时，选中对应位置的单元格，使其变成活动单元格，直接输入姓名和基本工资。在 Excel 2016 中数据项一般分为文本型、数值型、日期时间型、逻辑型几类。在 Excel 2016 中数值与文本是有区别的，数值可以直接参与四则运算，而文本不可以，在默认状态下，数值靠右对齐，文本靠左对齐。

姓名是文本型数据，若一个单元格中输入的文本过长，Excel 2016 允许覆盖右边相邻的无数据的单元格，若右边相邻的单元格有数据，则过长的文本将被截断，但在编辑栏中可以看到该单元格中的全部文本。

基本工资属于数值型数据，直接输入即可。数值型数据的输入包括如下几种方式。

- 分数的输入，如输入 2/5，应输入"02/5"。
- 负数的输入，如输入-8，应输入"-8"或"（8）"。
- 较大数的输入，如输入 1244567890124，会显示为 1.24457E+12。

步骤 4：输入编号

（1）纯数字的文本型数据

编号属于纯数字的文本型数据，选中对应位置的单元格直接输入"001"是不行的。计算机会把 001 当是数值型数据，会直接变成 1。在 Excel 2016 中，这种情况很多，如身份证号码、电话号码、学号等。

在输入纯数字的文本型数据时，应先输入英文半角状态下的单引号"'"，再输入相应数字，Excel 2016 会自动在该单元格左上角加上绿色三角标记，表明该单元格中的数据为文本型。

（2）序列

001、002、003……这种有规律的数据称为序列。序列数据在 Excel 2016 中可以进行快速输入。

在 Excel 2016 中，系统内置了多个序列，当然用户也可以自定义序列。自定义序列的方法为，单击"文件"＞"选项"＞"高级"＞"常规"＞"编辑自定义序列"按钮，打开"自定义序列"对话框，如图 4-6 所示，在此对话框中可以创建新序列。

图 4-6

（3）自动填充

在 Excel 2016 中快速输入序列数据的功能称为自动填充，自动进行序列填充是 Excel 2016 提供的最常用的快速输入功能之一，主要通过以下途径操作。

- 拖动填充柄：输入第一个数据后，按住鼠标左键向不同方向拖动该单元格的填充柄，松开鼠标左键即完成填充。可单击填充区域右下角的"自动填充选项"图标，从列表中更改填充方式。
- 使用"填充"命令：单击"开始"＞"编辑"＞"填充"＞"序列"按钮，即可填充序列。
- 用快捷菜单：按住鼠标右键拖动含有第一个数据的活动单元格右下角的填充柄到最末一个单元格，然后松开鼠标右键，从快捷菜单中选择"填充序列"命令。

在输入编号后，自动填充的效果如图 4-7 所示。

步骤 5：输入部门

本任务中公司部门只有办公室、后勤部、销售部、制造部。在输入的时候可以通过数据验证进行输入，如图 4-8 所示，输入性别、职务时也可以使用数据验证。

| 图 4-7 | 图 4-8 |

在 Excel 2016 中，为了避免在输入相同的数据时出现过多的错误，可以通过"数据验证"功能来限制输入内容，保证数据输入的准确性，且提高录入效率。

（1）数据验证

将数据有效性应用于单元格。选择要对其创建规则的单元格，单击"数据">"数据工具">"数据验证"按钮，打开"数据验证"对话框，如图 4-9 所示。

在"设置"选项卡的"允许"下拉列表中，选择一个选项。"允许"下拉列表中的选项的含义如下。

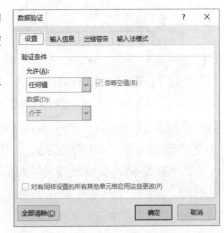

- 整数：将单元格限制为仅接受整数。
- 小数：将单元格限制为仅接受小数。
- 列表：从下拉列表中选取数据。
- 日期：将单元格限制为仅接受日期。
- 时间：将单元格限制为仅接受时间。
- 文本长度：限制文本长度。
- 自定义：适用于自定义公式。

图 4-9

使用数据验证时，在"数据"下拉列表中，选择一个选项。根据"允许"和"数据"下拉列表中选择的值，设置其他必需值。选择"输入信息"选项卡，并自定义用户在输入数据时将看到的消息。勾选"选定单元格时显示输入信息"复选框，Excel 2016 会在用户选择或鼠标指针悬停在所选单元格上时显示此信息。选择"出错警告"选项卡来自定义错误消息，并设置"样式"选项，单击"确定"按钮。

（2）数据验证的设置

选择要输入部门所在列的单元格，单击"数据">"数据工具">"数据验证"按钮，选项设置如图 4-10 所示。注意，在"来源"文本框中输入 4 个部门时，部门之间要用英文的半角逗号隔开。

步骤 6：输入身份证号

身份证号是 18 位，将数据有效性应用于输入身份证的单元格。选择要对其创建规则的单元格，单击"数据">"数据工具">"数据验证"按钮，弹出"数据验证"对话框，选项设置，如图 4-11 所示。

图 4-10

图 4-11

步骤 7：输入参加工作时间

参加工作时间是日期型数据，可以在输入时设置日期和时间的格式。Excel 2016 将日期和时间视为数值进行处理，时间和日期可以相加、相减，并可以包含到其他运算中。如果要在公式中使用日期或时间，请用带引号的文本形式输入日期或时间。

输入日期型数据时，默认用斜线（/）和连字符（-）作为日期分隔符，用冒号（:）作为时间分隔符。例如，2021/6/6、2021-6-6、6/Jun/2021 或 16-Jun-2021 都表示 2021 年 6 月 6 日。例如，如果在单元格中输入 2/2，Excel 2016 自动将其解释为日期，并显示单元格中的 2 月 2 日。同样，如果在单元格中输入 9：30 a 或 9：30 p，Excel 2016 将其解释为时间并显示上午 9：30 或下午 9：30。

如果要在同一单元格中同时输入日期和时间，请用空格将它们分隔开。当天日期的输入按组合键【Ctrl+;】，当天时间的输入按组合键【Ctrl + Shift +;】。

步骤 8：保存工作簿

工作表的数据输入完成后，需要保存工作簿，同时还要在操作过程中实时保存文件，养成随时保存文件的好习惯。Excel 2016 可自动保存文件，默认的自动保存时间间隔为 10 分钟，用户可以根据需要修改这个间隔时间。

对于已保存过的文件，在"文件"菜单中，选择"保存"命令会直接保存；若文件未被保存过，则系统会显示"另存为"界面，如图 4-12 所示，与选择"文件"菜单中"另存为"命令所得到的操作界面一致。选择一个保存位置后，会打开"另存为"对话框，如图 4-13 所示。在对话框中选择保存位置，输入文件名，单击"保存"按钮即可完成保存操作。

图 4-12   图 4-13

能力拓展

原始数据输入完成后，若需要对数据项进行修改，例如单元格内容的修改、行和列的增加或删除等，还需要掌握如下拓展操作。

（1）选定单元格与单元格区域

在 Excel 2016 中会用到选定单元格与选定单元格区域的操作，操作方法如下。

- 选取一个单元格：单击目的单元格，使其成为活动单元格。
- 选取整行：在工作表上单击该行的行号。选取整列：在工作表上单击该列的列号。
- 选取整个工作表：单击"选定整个工作表"按钮，该按钮在 A 列左边和第一行上面交叉处。
- 选取一个区域：将鼠标指针移至要选取区域的左上角，按住鼠标左键把鼠标拖动至要选取区域的右下角，就能选定一个矩形区域。
- 用键盘来选定：用箭头键使要选取区域左上角的单元格成为活动单元格，然后按住【Shift】键，用箭头键选择要选取的区域。
- 选取不连续的区域：首先按住【Ctrl】键，然后单击需要的单元格。

（2）行与列的基本操作

在 Excel 2016 中，行与列可以作为操作对象，操作方法如下。

- 插入行或列：选择指定的单元格，然后右击，在弹出的快捷菜单中选择"插入"命令，显示"插入"对话框，如图 4-14 所示，根据需要选择选项，单击"确定"按钮。
- 调整行高、列宽：按住鼠标左键拖动行或列的下或右边边线；或者选择"开始"＞"单元格"＞"行高"或"列宽"命令，如图 4-15 所示，在打开的"行高"或"列宽"

对话框中输入精确值；或者双击行下边线或列的右边线即可快速调整行高和列宽至最合适的值。

- 隐藏行、列：选择需要隐藏的行或列，右击，选择"隐藏"命令。删除操作和隐藏操作相同。
- 移动或复制行、列：移动与复制的操作，可以通过按住鼠标左键拖动鼠标来完成，也可以通过"剪切"或"复制"与"粘贴"命令完成，还可以通过快捷菜单完成。

图 4-14　　　　　　　　　　　图 4-15

（3）选择性粘贴

默认情况下，在 Excel 2016 中复制（或剪切）和粘贴时，源单元格或区域中的所有内容（数据、格式设置、公式、验证、批注）都将粘贴到目标单元格。这是按组合键【Ctrl+V】进行粘贴时会发生的，但这可能不是用户想要的结果。Excel 2016 还有许多其他的"粘贴"选项，具体使用取决于用户的需求。

如果要使用"选择性粘贴"对话框中的选项，请单击"开始"＞"剪贴板"＞"粘贴"按钮，然后选择"选择性粘贴"命令，也可按组合键【Ctrl+Alt+V】，打开"选择性粘贴"对话框，如图 4-16 所示，选择要粘贴的属性。

（4）工作表的操作

在 Excel 2016 中工作表可以作为操作对象，其操作包括插入工作表、切换、重命名、移动或复制、隐藏等，介绍如下。

- 新建工作表。单击状态栏中的 ⊕ 图标，可以插入新的工作表，自动命名为 Sheet2。
- 切换工作表。单击状态栏中工作表的名称，该工作表成为当前工作表。
- 选择工作表，右击，打开快捷菜单，如图 4-17 所示，可以完成，插入、删除、重命名、移动或复制、隐藏等操作。

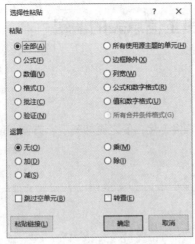
图 4-16

图 4-17

任务考评

【工作表录入：员工信息表的数据输入】考评记录

学生姓名		班级		任务评分	
实训地点		学号		完成日期	

	序号	考核内容	标准分	评分
任务实现步骤	基本操作 5 分	新建工作簿、保存至要求的位置，并命名	5	
	数据输入 50 分	文本型数据输入：编号、身份证号。 其中， 数据内容：完整、正确。 自动填充：编号。 数据验证：身份证要求 18 位	15	
		数值型数据输入：基本工资	5	
		日期型数据输入：参加工作时间	5	
		数据验证输入：部门、性别、职务	15	
		批注输入	5	
		数据显示不同的格式	5	
	表格调整 20 分	列操作：插入、删除、移动（等）	5	
		行操作：插入、删除、移动（等）	5	
		行高和列宽：最合适的行高和列宽	10	
	工作表操作 5 分	工作表操作：插入、删除、重命名、隐藏（等）	5	
	职业素养 20 分	实训管理：纪律、清洁、安全、整理、节约等	5	
		团队精神：沟通、协作、互助、自主、积极等	5	
		工单填写：清晰、完整、准确、规范、工整等	5	
		学习反思：技能点表达、反思内容等	5	
教师评语				

【任务2】 工作表编辑：员工信息表的编辑

任务描述

员工信息表已经录入完成，现在需要将表格美化，使之更加美观、方便阅读，符合日常使用习惯。最后打印出来，分发给相关部门。

任务分解

分析上面的工作情境得知，我们需要完成下列任务。

- 字符格式设置：对字体、字号等进行设置，使表格更加美观。
- 数字格式设置：数字格式指的是数据的外观形式，改变数字格式并不会影响数据本身，但会使数字显示更美观且便于阅读，或使其精度更高。
- 对齐格式设置：调整数据的对齐设置，使数据更美观、便于阅读。
- 条件格式设置：根据设定的条件，使特定的数据特别显示，更直观地显示数据。
- 边框底纹设置：工作表中的网格线在默认情况下只用于显示，不会被打印，为了使表格更加美观，可进行边框线、填充色等设置。
- 页面设置：对工作表的页面进行设置。
- 打印设置：设置相应打印选项，使之符合要求。

分析上面的工作情境得知，我们需要掌握以下知识。

在美化表格前，要学习一些美学知识，如三原色、色彩的工作原理。注意需要将原始数据输入完整。特别提示：要能根据需要选择不同的数据输入方法，如数值型、文本型、日期时间型数据要按照不同类型的原始数据输入方法进行准确、规范的输入。

任务目标

- 基本的格式设置：如字符格式、数字格式、对齐格式等。
- 常用的格式修饰：条件格式、边框和底纹的设置等。
- 快速的格式设置技巧：自动套用格式等。
- 页面设置：纸张大小、方向、页边距、页眉、页脚等。
- 打印设置：打印机、打印份数、打印范围等。

示例演示

完成"工作表编辑：员工信息表的编辑"任务，在具体操作前，需要先将原始数据输入完整，对于美化、打印表格，可以按下列步骤完成。

- 基本的格式设置：设置字符、数字、对齐等，使表格更加美观，增加其可读性。
- 普通的格式修饰：按需要设置条件格式、边框和底纹等，以重点突出某些数据。
- 快速的格式设置：通过套用样式，快速实现表格的格式化，在节省时间的同时，得到美观且统一的效果。
- 页面设置：按需要设置纸张大小、方向、页边距、页眉、页脚等。
- 打印设置：按需要设置打印机、打印份数、打印范围等。

员工信息表的编辑完成后，效果如图 4-18 所示。

	A	B	C	D	E	F	G
1				A公司员工信息表			
2	编号	姓名	部门	参加工作时间	基本工资	性别	身份证号
3	001	赵亮	办公室	2013/5/7	2000	男	42242120130507336
4	002	汪秋月	办公室	2019/10/5	1500	女	42242120191005265
5	003	曾沥	销售部	2000/8/6	2500	男	42242120000806755
6	004	刘蓝	销售部	2009/4/7	1400	男	42242120090407576
7	005	王兵	销售部	2002/12/8	1300	男	42242120021208438
8	006	曾冉	办公室	2007/4/25	1700	女	42242120070425889
9	007	王岗	后勤部	1993/4/5	2500	女	42242119930405468
10	008	李萧萧	后勤部	2019/8/9	1300	男	42242120190809356
11	009	张静	制造部	1996/4/7	3500	男	42242119960407678
12	010	陈杨	后勤部	1997/10/5	2500	男	42242119971005234
13	011	杨苗	制造部	2013/4/21	1300	男	42242201304212356
14	012	李忆如	制造部	2015/9/21	1300	女	42242121050921563
15	013	王军	销售部	2014/4/9	1300	男	42242201404094515

图 4-18

任务实现

完成"工作表编辑：员工信息表的编辑"任务，掌握每个步骤对应的知识技能。

步骤 1：打开工作簿

打开任务/制作的公司员工信息表工作簿：找到文件双击，就可以打开该文档。

步骤 2：字符格式设置

字符格式包括字体、字号、字形、字体颜色等，可以单击"开始">"字体">"对话框启动器"按钮，弹出"设置单元格格式"对话框，选择"字体"选项卡，如图 4-19 所示。在"字体"列表框中选择相应的选项，其设置方法与 Word 2016 基本相同。

步骤 3：数字格式设置

在工作表中输入数字，通常按默认格式显示，但有时会对单元格中的数字格式有一定的要求，例如保留几位小数位、表示成货币符号等。

- 选定需要格式化数字的单元格或单元格区域。
- 用与步骤 2 相同的方法打开"设置单元格格式"对话框，选择"数字"选项卡，如图 4-20 所示，在"分类"列表框中选择要设置的类别。

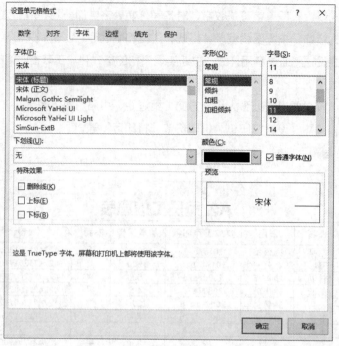

图 4-19

图 4-20

"分类"列表框中部分选项含义如下。

- 常规：默认格式下数字显示为整数、小数；当单元格宽度不够时，小数自动四舍五入，较大的数字用科学记数法显示。

- 数值：可以设置小数位数、逗号分隔千位、负数显示方式。
- 货币：可以选择货币符号，且总是使用逗号分隔千位；也可以设置小数位数、负数显示方式。
- 会计专用：与货币格式的主要区别是它总是垂直对齐排列，且不指定负数方式。
- 日期、时间：分为多种类型，可以根据区域选择不同的日期、时间格式。
- 百分比：可以指定小数位数且总是显示百分号。
- 分数：根据指定的类型以分数形式显示数字。
- 科学记数：用指数符号（E）显示较大的数字。
- 文本：将单元格的数字视为文本，并在输入时准确显示，如输入"001"，则必须是文本格式才会显示前面的"00"。

如果单元格中的数字显示为"#####"，这可能表示单元格不够宽，无法显示整个数字。

步骤 4：对齐方式设置

在默认情况下，Excel 2016 根据输入的数据自动调节数据的对齐格式，例如说文本型数据是左对齐、数值型数据是右对齐等。用户也可以通过"设置单元格格式"对话框中的"对齐"选项卡，对单元格中内容的对齐方式进行设置，如图 4-21 所示。

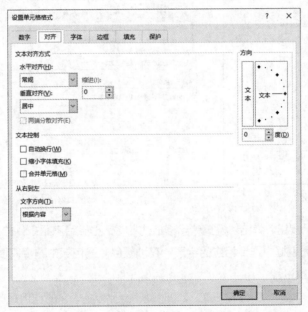

图 4-21

"对齐"选项卡中部分选项讲解如下。

- "水平对齐"下拉列表框：包括常规、靠左、居中、靠右、填充、两端对齐、跨列居中、分散对齐等方式，其中靠左、靠右、分散对齐还可进一步设置缩进量。
- "垂直对齐"下拉列表框：包括靠上、居中、靠下、两端对齐、分散对齐等方式。
- "自动换行"复选框：该复选框被勾选后，当列宽不足时，输入的文本会自动换行。

- "合并单元格"复选框：将选中的单元格区域进行合并。也可单击"开始">"对齐方式"组中的"左对齐""居中对齐""右对齐""顶端对齐""垂直居中""底端对齐""合并后居中""自动换行"等按钮进行设置。

步骤 5：条件格式设置

条件格式是指选定的单元格或单元格区域满足特定的条件时，这些单元格的格式就会发生变化。例如让数值大于某个值的数据都显示不同于其他数据的背景颜色，这样将使数据更容易被看到。

设置条件格式的步骤如下。

- 选定需要设置条件格式的单元格或单元格区域。
- 单击"开始">"样式">"条件格式"按钮，打开规则菜单，如图 4-22 所示。
- 根据需要，将鼠标指针指向合适的规则，从打开的子菜单中单击某一预置的条件即可。

如所需规则比较复杂，则可以通过自定义规则的方法实现，步骤如下。

- 选择"开始">"样式">"条件格式">"新建规则"命令，弹出"新建格式规则"对话框，设置需要格式化数据的条件，如图 4-23 所示。

图 4-22

图 4-23

- 单击"格式"按钮，弹出"设置单元格格式"对话框，给满足条件的单元格设置格式，如在"字形"列表框中选择相应的字形，在"颜色"调色板中选择需要的颜色等。

步骤 6：边框底纹设置

默认情况下，工作表中默认的边框在打印时是不会显示的，它的作用是区隔行、列和单元格。为了使单元格中的数据显示更加清晰，增加工作表的视觉效果，可以对单元格进行边框和底纹的设置。

（1）给单元格添加边框

给单元格添加边框有如下两种方法。

- 单击"开始">"字体"组中的田字形下拉按钮，弹出边框菜单，选择需要的框线。
- 单击"开始">"字体">"对话框启动器"按钮，弹出"设置单元格格式"对话框，选择"边框"选项卡，如图 4-24 所示，先选择线条的样式和颜色，然后在"预置"区域选择"外边框"或"内部"选项，或在"边框"区域中选择对应位置的选项，单击"确定"按钮，将线条格式应用于这些边框。

（2）给单元格添加底纹

底纹是指单元格区域的填充颜色，在底纹上添加合适的图案可使工作表显得更为生动。一般可以使用以下两种方法给单元格添加底纹。

- 通过单击"开始"＞"字体"组中的"填充颜色"按钮为所选区域添加一种底纹颜色。
- 通过"设置单元格格式"对话框中的"填充"选项卡，如图 4-25 所示，为单元格设置底纹颜色，同时可在"图案样式"下拉列表中为单元格选择图案及图案颜色。

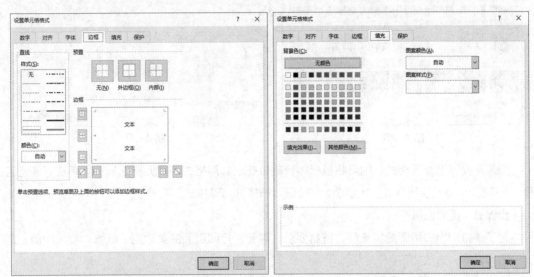

图 4-24　　　　　　　　　　　　　　　　图 4-25

步骤 7：自动套用格式

除了手动进行各种格式化操作外，用户还可根据 Excel 2016 提供的各种预置格式组合，对表格进行快速格式化，节省时间的同时又拥有美观统一的效果。预置好的表格样式，包括字体大小、对齐方式、填充图案、框线等设置。

自动套用格式的步骤如下。

- 选定要自动套用表格格式的单元格区域（不能选择包含合并单元格的区域）。
- 单击"开始"＞"样式"＞"套用表格格式"按钮，弹出的下拉菜单给出了预置的表格样式，如图 4-26 所示，单击需要的样式即可完成样式套用。

如果预置样式不能满足设置要求，可以选择下拉菜单中的"新建表格样式"命令，打开图 4-27 所示的对话框，新建所需的表格样式。

在该对话框中，可以输入样式"名称"，指定需要新设定的"表元素"，设定"格式"，设置完成后，单击"确定"按钮，则新建的样式会显示在表格格式下拉菜单最上面的"自定义"区域中，方便用户后续选择。

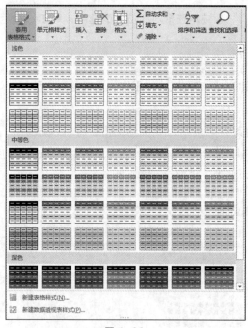

图 4-26

图 4-27

如果需要取消套用格式，则可将鼠标指针定位在已套用格式的单元格区域中，单击"表格工具"＞"设计"＞"表格样式"＞"清除"按钮，选择"清除格式"命令。

步骤 8：页面设置

为了使打印出的页面更加美观、符合要求，需要对打印页面的页边距、纸张大小、页眉、页脚等进行设置，方法如下。

单击"页面布局"＞"页面设置"＞"对话框启动器"按钮，弹出"页面设置"对话框，对各个选项卡进行相关的设置，如图 4-28 所示。

图 4-28

对话框中有 4 个选项卡，分别讲解如下。

- 页面：对打印方向、打印比例、纸张大小、打印质量、起始页码等进行设置。
- 页边距：对表格在纸张上的位置进行设置，如上、下、左、右的边距，页眉、页脚与边界的距离等。
- 页眉 / 页脚：对页眉 / 页脚进行设置。
- 工作表：对打印区域、重复标题、打印顺序等进行设置。

当工作表纵向超过一页长或横向超过一页宽时，我们需要在每一页上都打印相同的标题行或列，方便阅读。这时，我们就可以在"工作表"选项卡中的"打印标题"区中去设置"顶端标题行"或"左端标题列"的内容，如从数据表中选择需要重复打印的标题行或列（可以是连续多行或列）。

（1）页码的设置

在 Excel 2016 的表格处理中，页码和总页数的打印设置是通过对页眉和页脚的设置来实现的。下面是相关参数的介绍。

打开"页面设置"对话框，选择"页眉 / 页脚"选项卡，其中有"页眉""页脚"下拉列表框，包含预先定义好的页眉或页脚，如图 4-29 所示。如果这些形式能满足要求，则可以进行简单的选择；如果不满意，可自行定义。

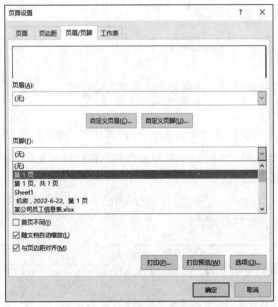

图 4-29

（2）打印设置

选择"文件">"打印"命令，出现"打印"参数和打印预览效果，如图 4-30 所示，单击"打印"按钮即可直接进行打印。但在正式打印前，一般会通过预览打印效果来决定是否对打印选项进行修改和调整。

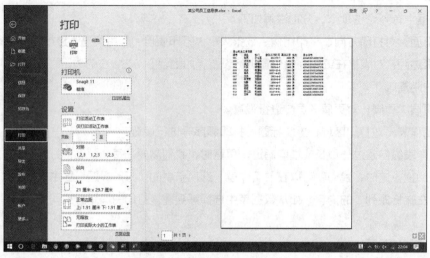

图 4-30

"打印"参数说明如下。

- 份数：指定打印文件的份数。

- 打印机：从下拉列表中可以选择打印机（打印机需要先连接至计算机并安装驱动程序）。

- 设置：可以进行多项打印设置，包括打印活动工作表、页数、对照、纵向/横向、A4、正常边距、无缩放及页面设置等。

能力拓展

Excel 2016 提供了很多功能，还需要掌握如下拓展操作。

（1）表格

在 Excel 2016 中，可以创建一个表来组织和分析相关的数据。使用表，用户可以方便地对数据表中的数据进行排序、筛选和格式设置等。例如，创建员工信息表的方法如下。

- 选中需要定义成表格的区域。

- 单击"插入">"表格">"表格"按钮，弹出"创建表"对话框，如图 4-31 所示，单击"确定"按钮，即可创建表。

A公司员工信息表

编号	姓名	部门	参加工作时间	基本工资	性别	身份证号
001	赵亮	办公室	2013/5/7	2000	男	42242120130507336
002	汪秋月	办公室	2019/10/5	1500	女	422421201910052A5
003	曾沥	销售部	2000/8/6	2500	男	42
004	刘蓝	销售部	2009/4/7	1400	男	42
005	王兵	销售部	2002/12/8	1300	男	42
006	曾冉	办公室	2007/4/25	1700	女	42
007	王岗	后勤部	1993/4/5	2500	女	42
008	李萧萧	后勤部	2019/8/9	1300	男	42
009	张静	制造部	1996/4/7	3500	男	42
010	陈杨	后勤部	1997/10/5	2500	男	42
011	杨苗	制造部	2013/4/21	1300	男	42242101304212556
012	李忆如	制造部	2015/9/21	1300	女	42242121050921563
013	王军	销售部	2014/4/9	1300	男	42242201404094515

创建表

表数据的来源(W):

=$A$2:$G$15

☑ 表包含标题(M)

确定　　取消

图 4-31

- 使用 Excel 2016 创建的表格式美观，而且在选项卡区域多了一个"设计"选项卡，提供对表格的快速操作按钮，如图 4-32 所示。

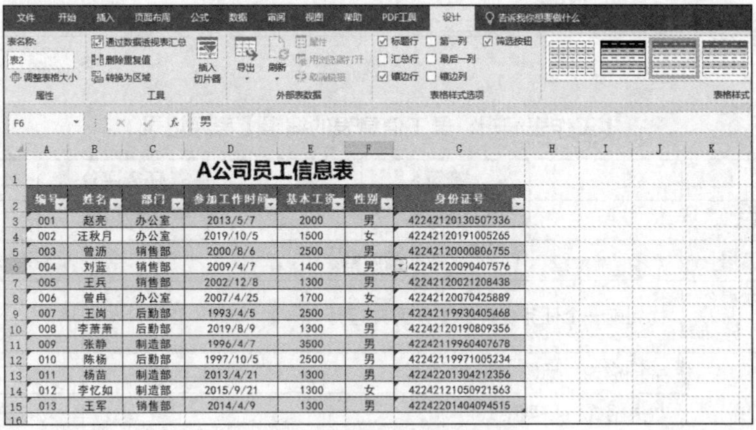

图 4-32

（2）主题

格式设置除了以上操作以外，还可以设定与使用"主题"。主题是一组可以统一应用于整个文件的格式的集合，包括颜色、字体（标题和正文）、效果（线条和填充）等。而且，主题可以在各种 Office 程序之间共享，这样所有的 Office 文档都将具有统一的外观，看起来会更加美观、专业。

为文档应用主题的步骤如下。

- 打开保存的 Excel 文件。
- 设置内置主题：单击"页面布局"＞"主题"＞"主题"按钮，打开的下拉菜单如图 4-33 所示，从中选择需要的主题类型。

图 4-33

- 自定义主题：用户自主定义主题，需要分别设置颜色、字体、效果等，然后将其保存为新主题。

任务考评

【工作表编辑：员工信息表的编辑】考评记录

学生姓名			班级		任务评分		
实训地点			学号		完成日期		
任务实现步骤		序号	考核内容			标准分	评分
		基本操作 5分	找到前一个任务保存的工作簿并打开			5	
		基本格式设置 35分	字符格式：标题、正文			5	
			数据格式：日期格式			10	
			对齐方式			5	
			条件格式			5	
			框线：外框和内框			5	
			底纹			5	
		表格调整 20分	自动套用格式			5	
			主题			5	
			综合效果：整体效果、符合习惯			10	
		打印设置 20分	页面设置：纸张大小、方向、页边距、页眉、页脚等			10	
			打印设置：份数、打印区域、缩放等			10	
		职业素养 20分	实训管理：纪律、清洁、安全、整理、节约等			5	
			团队精神：沟通、协作、互助、自主、积极等			5	
			工单填写：清晰、完整、准确、规范、工整等			5	
			学习反思：技能点表达、反思内容等			5	
教师评语							

【任务 3】 数据处理：员工工资表的计算

任务描述

A 公司为了公司的长期发展，拟进行工资调整，要求小张完成如下工资调整任务。

- 职务工资：经理 3000 元、副经理 2000 元、职员 1000 元。
- 工龄工资：按入职年限，每年发放 100 元的工龄工资。
- 统计涨薪后的工资总额，并进行数据分析，看工资调整方案是否合理，并将工资调整方案上报集团批准。为此，经理要求对员工的工资表进行重新计算、统计。

任务分解

分析上面的工作情境得知，我们需要完成下列任务。

- 数据计算：根据调整方案，计算职务工资、工龄工资、发放合计等。
- 数据分析：按职务、部门计算平均工资，看工资调整方案是否合理。

分析上面的工作情境得知，我们需要掌握以下知识。

在进行数据计算时，前期的辅助数据需要先行输入完整、准确、规范。在此任务中，要求按"职务"进行工资调整，因此前期需要将"职务"数据先行输入，并保证同一种职务的数据相同，例如"经理"这一职务，就不能输入成"经 理"（有空格）。

在 Excel 2016 中，输入公式和函数时要用英文半角输入法。

任务目标

- 公式和函数的使用：输入公式、函数时的步骤。
- 常用函数的使用：求和、平均值、计数、最大值、最小值等。
- 单元格的引用：相对引用、绝对引用、混合引用。
- 单元格区域的引用：区域引用、联合引用、交叉引用。

示例演示

要完成"数据处理：员工工资表的计算"任务，在具体操作前，需要将辅助信息先行输入，如职务、参加工作时间等，方便按职务、工龄去计算调整后的工资。

在具体计算过程中，可以按下列步骤完成。

- 基本计算：求和、求平均值、计数、求最大值、求最小值等。
- 进阶计算：求调整后的职务工资、工龄工资等。

完成"A 公司员工工资表"的制作，效果如图 4-34 所示。除编号、姓名、部门、职务、参加工作时间和基本工资列是从员工信息表中导入的之外，其他数据都是计算出来的。

编号	姓名	部门	职务	参加工作时间	基本工资	调整后的职务工资	调整后的工龄工资	应发合计	住房公积金	实发工资
				A公司员工工资表						
001	赵亮	办公室	职员	2013/5/7	2000	1000	900	3900	390	3510
002	汪秋月	办公室	副经理	2019/10/5	1500	2000	300	3800	380	3420
003	曾沥	销售部	副经理	2000/8/6	2500	2000	2200	6700	670	6030
004	刘蓝	销售部	职员	2009/4/7	1400	1000	1300	3700	370	3330
005	王兵	销售部	职员	2002/12/8	1300	1000	2000	4300	430	3870
006	曾冉	后勤部	职员	2007/4/25	1700	1000	1500	4200	420	3780
007	王岗	后勤部	副经理	1993/4/5	2500	2000	2900	7400	740	6660
008	李蓁蓁	后勤部	职员	2019/8/9	1300	1000	300	2600	260	2340
009	张静	制造部	经理	1996/4/7	3500	3000	2600	9100	910	8190
010	陈杨	制造部	副经理	1997/10/5	2500	2000	2500	7000	700	6300
011	杨苗	制造部	职员	2013/4/21	1300	1000	900	3200	320	2880
012	李忆如	制造部	职员	2015/9/21	1300	1000	700	3000	300	2700
013	王军	制造部	职员	2014/4/9	1300	1000	800	3100	310	2790
			合计		24100	19000	18900	62000	6200	55800
			平均值		1854	1462	1454	4769	477	4292
			最大值		3500	3000	2900	9100	910	8190
			最小值		1300	1000	300	2600	260	2340
			计数		13	13	13	13	13	13

图 4-34

任务实现

完成"数据处理：员工工资表的计算"任务，掌握每个步骤对应的知识技能。

步骤 1：打开工作簿，进行预处理

打开前面保存的工作簿，新建"工资表"工作表。将标题和字段名输入，按样例逐个输入。复制前面工作表的数据，粘贴时注意选择不同选项的区别。

单元格内的文字换行的操作方法如下。

- 按组合键【Alt+Enter】：在需要换行的地方直接按组合键，则可在要求的位置换行。
- 右击单元格，在弹出的下拉菜单中单击"设置单元格格式"按钮，弹出"设置单元格格式"对话框，点击"对齐"选项卡，勾选"自动换行"复选框，系统会根据列宽自动调整文字换行位置。

步骤 2：计算合计、平均值、最大值（最小值）及计数

在 Excel 2016 中，简单的计算可以通过命令按钮来完成，操作方法如下。

- 选中存放结果的单元格。
- 单击"开始">"编辑"组>"Σ 求和"按钮，如图 4-35 所示。选择合适的数据计算区域，按【Enter】键确认。

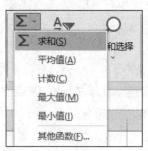

图 4-35

在 Excel 2016 中，所有的运算都可以用公式或者函数来完成。

- 公式是在工作表中对数据进行分析计算的等式，它可对工作表的数值进行加法、减法、乘法、除法和乘方运算等。四则运算是最基本的一些运算，在一个公式中可能包含多种运算，进行计算时，必须根据运算级别来确定运算顺序。
- 函数实际是一类特殊的、事先编辑好的公式。函数主要用于处理简单的四则运算不能处理的问题，是为解决那些复杂计算需求而提供的一种预定义公式。利用函数通常可以简化公式。

（1）公式或函数的输入方法

定位结果位置：在要显示计算结果的位置单击单元格，使其成为当前活动的单元格。输入等号"="，表示正在输入公式或函数；输入公式或函数的内容，输入完成后，按【Enter】键或单击编辑栏上的"√"按钮确认，得到结果。

双击输入完公式或函数的单元格，进入编辑状态，可以对公式或函数进行编辑。如果按【Delete】键，可删除公式或函数。

（2）运算符

运算符用于对公式中的元素进行特定类型的运算，在 Excel 2016 中有如下 4 种运算符。

- 算术运算符。算术运算符进行基本的数学运算，如加"+"、减"−"、乘"×"、除"/"等。
- 文本运算符。文本运算符"&"可以将文本连接起来。
- 比较运算符。比较运算符可以对两个数据进行比较并产生逻辑值结果，即 True 或 False。比较运算符包括等于"="、小于"<"、大于">"、不等于"<>"、小于等于"<="、大于等于">="。
- 引用运算符。引用位置可以是工作表上的一个或者一组单元格。引用运算符有 3 种，分别是冒号、逗号和空格。冒号（如 B5:C15）为区域运算符，对两个引用之间（包括两个引用在内）的所有单元格进行引用。逗号（如 B5,C2:D4）为联合运算符，将多个引用合并为一个引用。空格（如 B5 C2:D4）为交叉运算符，表示几个单元格区域所共有（重叠）的那些单元格。

（3）运算顺序

公式中若同时使用了多种运算符，计算时就要根据运算优先级确定计算顺序。优先级从高到低为：引用运算符、负号、百分号、乘幂、乘除、加减、连接和比较运算符。

如果公式中包含多个相同优先级的运算符，则按从左到右的顺序进行计算。如果要修改计算的顺序，可把公式中要先计算的部分用圆括号括起来。

（4）公式的复制

公式的复制与数据的复制方法相同。但当公式中包含引用地址的参数时，根据引用地址的不同，公式的计算结果将不一样。若公式中采用相对引用，复制公式时，Excel 2016 会自动调整相对引用的相关部分。如果要使复制后的公式的引用位置保持不变，则应该使用绝对引用。

（5）单元格的引用

单元格的引用代表工作表中的一个单元格或者一组单元格，用以指出公式中所用数据的位置。单元格的引用有如下 4 种方式。

- 相对地址引用。在输入公式（函数）的过程中，相对地址是指在一个公式中直接用单元格的列标号与行标号来取用某个单元格的内容。如果将含有相对地址引用的公式复制到另一个单元格，公式中的单元格引用将会根据公式移动的相对位置做相应的改变。
- 绝对地址引用。如果公式需要引用某个指定单元格的数据，就必须使用绝对地址（在行号和列号前加"$"符号）引用。对于包含绝对地址引用的公式，无论将公式复制到什么位置，引用绝对地址的单元格都保持不变。
- 混合地址引用。混合地址引用是在列号或行号前加"$"符号，如$A1 或 A$1。当移动或复制含有混合地址引用的公式时，混合地址中的相对行（相对列）发生变化，而绝对行（绝对列）保持不变。
- 三维地址引用。三维地址引用包含一系列工作表名称和单元格或单元格区域引用。三维地址引用的一般格式为"工作表标签！单元格引用"，例如"Sheet2！B2"。

（6）常用函数简介

函数的语法格式"函数名称（参数 1，参数 2……）"。

参数可以是数字、文本、逻辑值、数组或者单元格引用，也可以是常量、公式或其他函数。无须任何参数的函数必须用一空括号表示，以使 Excel 2016 能识别该函数。

本步骤使用到的函数包括求和函数（SUM）、求平均值函数（AVERAGE）、最大值函数（MAX）、最小值函数（MIN）、计数函数（COUNT）（只计算数值的个数）。

常用函数的使用方法如下。

- 直接输入法：单击要显示计算结果的单元格，使其成为当前活动的单元格，直接输入"=SUM（F3：F15）"，如图 4-36 所示。

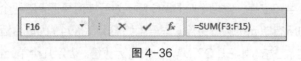

图 4-36

- 向导输入法：单击要显示计算结果的单元格，使其成为当前活动的单元格，单击编辑栏的"插入函数"按钮。选择"SUM"函数，单击"确定"按钮，打开"函数参数"对话框，如图 4-37 所示。在"函数参数"对话框中输入合适的内容，单击"确定"按钮。

图 4-37

步骤 3：计算工龄工资

本任务的工龄工资调整方案为每年的工龄工资为 100 元，结果放在 H 列。任务用到两个函数，TODAY（）和 YEAR（）。

TODAY（）返回日期格式的当前日期，该函数没有参数。

YEAR（）返回日期格式的年份值——一个 1900～9999 的数，参数为某个日期时间代码。

计算调整后的工龄工资的操作方法如下。

- 选中要存放结果的 H3 单元格。
- 输入"=（YEAR（TODAYO）-YEAR (E3))*100"。
- 按【Enter】键或单击编辑栏上的"✓"按钮确认。

步骤 4：计算职务工资

本任务计算调整后的职务工资，职务工资调整方案为经理 3000 元、副经理 2000 元、职员 1000 元，结果放在 G 列。

（1）IF 函数

主要功能：根据对指定条件的逻辑判断的真假结果，返回相对应的内容。

使用格式：IF(Logical,Value_if_true, Value_if_false)。

参数说明：Logical 代表逻辑判断表达式，即判断条件。Value_if_true 表示当判断条件为逻辑"真（TRUE）"时的显示内容，如果忽略则返回"TRUE"，即真值结果；Value_if_false 表示当判断条件为逻辑"假（FALSE）"时的显示内容，如果忽略则返回"FALSE"，即假值结果。

（2）IF 函数的嵌套

当有两个以上的条件时，就要用到 IF 函数的嵌套。嵌套是指在 IF 函数的参数位置再嵌套一个完整的 IF 函数。

函数嵌套的直接输入的操作方法如下。

- 选中要存放结果的 G3 单元格。
- 输入"= IF(D3="经理"，3000，IF(D3="副经理"，2000,1000))"。
- 按【Enter】键或单击编辑栏上的"√"按钮确认。

（3）向导法输入函数的嵌套

直接输入复杂函数容易出错，可以通过向导输入，向导法输入函数的方法如下。

- 选中要存放结果的 G3 单元格。
- 单击编辑栏中的"插入函数"按钮，自动显示出等号"="，以及出现图 4-38 所示的"插入函数"对话框（里面有函数功能以及每个参数的功能说明，遇到新函数时可以充分利用）。找到"IF"函数，单击"确定"按钮。
- 在出现的图 4-39 所示的"函数参数"对话框中，在 3 个参数位置输入内容。

图 4-38

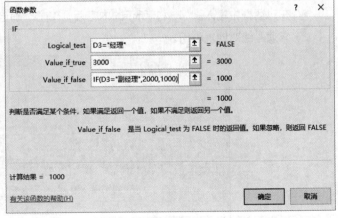

图 4-39

IF 函数的嵌套经常使用在对学生分数等级的评判上，如图 4-40 所示。

图 4-40

步骤 5：计算应发合计、住房公积金、实发工资

在本任务中，计算应发合计的操作方法可以用求和函数 SUM 进行，住房公积金等于应发合计乘 10%，实发工资等于应发合计减去住房公积金。

用公式和函数计算一个员工的所有工资后，其他员工的工资就用公式和函数的复制与填充方法来计算。（在填充时，要用相对地址引用。）

步骤 6：计算实发工资排名

在本任务中，要在 L 列增加实发工资排名一列，因此会用到排名函数。

函数名称：RANK.EQ 和 RANK.AVG（排位函数）。

主要功能：返回某一数值在一列数值中相对于其他数值的排位。如果多个值具有相同的排位，使用函数 RANK. EQ 将返回实际排位，使用函数 RANK. AVG 将返回平均排位。

使用格式：RANK. EQ(number,ref, [order])、RANK. AVG (number,ref,[order])。

参数说明：number 代表需要排序的数值；ref 代表排序数值所处的单元格区域；order 代表可选参数，数值如果为"0"或者忽略，则按降序排序；如果为非"0"数值，则按升序排序。

特别提醒：一定要注意 ref 参数的设置。一般来说，排序的范围应固定不变，即在相同范围内排序才有效，所以 ref 一般会设为绝对引用。

操作方法如下。

- 选中要存放结果的 L3 单元格。
- 单击编辑栏中的"插入函数"按钮，自动显示出等号"＝"，以及出现 "插入函数"对话框。找到"RANK.EQ"函数，打开"函数参数"对话框。
- 在对话框中输入图 4-41 所示的内容后，单击"确定"按钮。注意，"Ref"框中输入的必须是绝对地址引用。

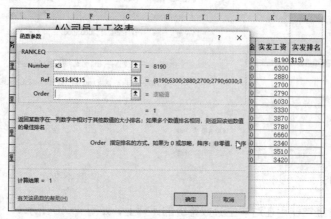

图 4-41

能力拓展

原始数据输入完成后，经常需要对数据项进行修改，例如单元格内容的修改，行和列的增加、删除等，还需要掌握如下拓展操作。

（1）运算时出错

输入计算公式后，当公式输入有误时，如在需要数字的公式中使用了文本、删除了被公式引用的单元格等，系统会在单元格中显示错误信息。常见的错误信息及含义如表 4-1 所示。

表 4-1　常见的错误信息及含义

错误信息	含　义	错误信息	含　义
#DIV/0!	公式被零除	#NUM!	数值有问题
#N/A	引用了当前不能使用的数值	#REF!	引用了无效的单元格
#NAME?	引用了不能识别的名字	#VALUE!	错误的参数或运算对象
#NULL!	无效的两个区域交集		

（2）内置函数简介

Excel 2016 提供了许多内置函数，给用户对数据进行运算和分析带来极大方便。这些函数涵盖范围包括数学与三角、时间与日期、统计、财务、查找与引用、数据库、文本、逻辑、信息等函数。

数学与三角函数如表 4-2 所示。

表 4-2　数学与三角函数

函 数 名 称	功　　能	应 用 举 例	运 行 结 果
ABS(X)	求绝对值	=ABS(-1)	1
INT(X)	对 X 取整	=INT(16.67)	16
SQRT(X)	对 X 开平方	=SQRT(9)	3
ROUND(X,n)	对 X 四舍五入保留 n 位小数	=ROUND(35.75,1)	35.8
MOD($X1,X2$)	取模，即 X_1/X_2 的余数	=MOD(5,3)	2
EXP(X)	求自然对数的底 e 的 X 次方	=EXP(1)	2.718 28
LN(X)	求 X 的自然对数值	=LN(2.71)	0.996 95
PI( )	圆周率 π 值 3.14159	=PI( )	3.141 59
RAND( )	产生一个 0～1 的随机数	=RAND ( )	0.904 31
LOG10(X)	求 X 的常用对数值	=LOG10(100)	2
SUM(区域)	参数相加	=SUM(1,2,3,4)	10
COS(X)	求 X 的余弦值	=COS(PI( )/3)	0.5
ACOS(X)	求 X 的反余弦值	=ACOS(0.866)	0.647 878
SIN(X)	求 X 的正弦值	=SIN(PI( )/6)	0.5
ASIN(X)	求 X 的反正弦值	=ASIN(0.866)	1.047 15
TAN(X)	求 X 的正切值	=TAN(PI( )/4)	1
ATAN(X)	求 X 的反正切值	=ATAN(1)	0.785 4

统计函数如表 4-3 所示。

表 4-3　统计函数

函数名称	功　　能	应用举例	结　　果
SUM(区域)	统计区域内的数值总和	=SUM(A1:A4)	
AVERAGE(区域)	统计区域内数值的平均值	=AVERAGE(A1:B4)	
COUNT(区域)	统计区域内的单元格个数	=COUNT(A3,B1:B4)	
COUNTA(区域)	统计区域内的非空单元格个数	=COUNTA(B1:B4)	
MAX(区域)	统计区域内所有数中的最大者	=MAX(A1:B4)	
MIN(区域)	统计区域内所有数中的最小者	=MIN(A1:B4)	
VAR(区域)	统计区域内数值的方差	=VAR(A1:B4)	
STDEV(区域)	统计区域内数值的标准差	=STDEV(A1:B4)	

文本函数如表 4-4 所示。

表 4-4　文本函数

函数名称（可引用区域作参数）	功　　能	实　　例	结　　果
FIND(子字串，主字串，n)	若在主字串左起第 n 位后找到子字串，则值为子字串在主字串的位置，否则为#VALUE	=FIND("AC","BC",4) =FIND("efg","abcdefg",2)	#VALUE 5
LEFT(字串, n)	取字串左边 n 个字符	=LEFT("ABCD",2)	AB
RIGHT(字串, n)	取字串右边 n 个字符	=RIGHT("Email",4)	mail
MID(字串, m, n)	从字串第 m 位起取 n 个字符	=MID("ABCDEFG",3,2)	CD
LEN(字串)	字串字符数	=LEN("English")	7
LOWER(字串)	把字串全部内容转换为小写	=LOWER("THE")	the
UPPER(字串)	把字串全部内容转换为大写	=UPPER("the")	THE
REPLACE(主串, m, n, 子串)	从主串第 m 位删去 n 个字符并用子串插入	=REPLACE("ENGLISH",2,6,"mail")	Email
VALUE(数字字串)	把数字字串转换成数值	=VALUE("123.46")	123.46
TRIM(字串)	去掉字符前部及尾部空格，中间空格只保留一个	=TRIM("姓名")	姓名
REPT(字串, n)	字符重复 n 次	=REPT("_",5)	—
EXACT(字串 1，字串 2)	两字符串完全相等为 TRUE，否则为 FALSE	=EXACT("ABC","ABC")	TRUE

日期和时间函数如表 4-5 所示。

表 4-5　日期和时间函数

函 数 名 称	功　　能	应 用 举 例	运 行 结 果
DATE(年,月,日)	得到从 1900 年 1 月 1 日到指定年、月、日的总天数	=DATE(2007,4,20)	39192
DATEVALUE(日期字串)	得到从 1900 年 1 月 1 日至日期字串所代表的日期的总天数	=DATEVALUE("2007/04/15")	39187
DAY(日期字串)	得到日期字串的天数	=DAY("2007/4/18")	18
MONTH(日期字串)	得到日期字串的月份	=MONTH("2007/4/21")	4
YEAR(日期字串)	得到日期字串的年份	=YEAR("2007/4/21")	2007
NOW( )	得到系统日期和时间的序列数	=NOW( )	2007/4/22 11:05
TIME(时,分,秒)	得到特定时间的序列数	=TIME(21,5,50)	9:05PM
HOUR（时间数）	转换时间数为小时	=HOUR(31404.5)	12

（3）条件计数函数

在本任务中，如果要统计出公司员工男、女的人数，就要用到条件计数函数。

函数名称：COUNTIF。

使用格式：COUNTIF(Range,Criteria)。

参数说明：Range 代表要统计的单元格区域；Criteria 代表计数的条件，即表示指定的条件表达式，条件的形式可以是数字、表达式、单元格地址或文本。

操作方法如下。

- 打开员工信息表，选中要存放结果的 G16 单元格。
- 单击编辑栏中的"插入函数"按钮，自动显示出等号"="，以及出现"插入函数"对话框。找到"COUNTIF"函数，打开"函数参数"对话框。
- 在对话框中输入图 4-42 的内容后，单击"确定"按钮。

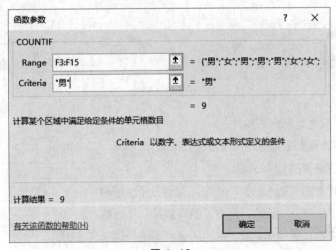

图 4-42

（4）根据身份证号计算性别

身份证号码的每一位都是有一定意义的，如身份证号码第七位到第十四位表示编码对象出生的年月日；身份证号码第十七位为数字，为奇数表示男性，为偶数表示女性。

通过身份证号计算出性别使用到的函数如下。

- MOD（余数函数）。主要功能是返回两个数的余数。使用格式为"MOD（number,divisor）"。参数说明：number 代表被除数，divisor 代表除数。如"＝mod(5,2)"的返回值为 1。
- MID（提取字符函数）。主要功能是从文本字符串中的指定位置开始返回指定个数的字符。使用格式为"MID(text,start_num,num_chars)"。参数说明：text 代表要提取字符的文本字符串，start_num 代表要提取的第 1 个字符在文本字符串中的位置，num_chars 代表指定希望从文本字符串中提取并返回字符串的个数。如"=MID（A3,7,2）"表示从单元格 A3 的文本字符串的第 7 个字符开始提取 2 个字符。

通过身份证号计算出性别的操作方法如下。

- 选中要存放结果的 H3 单元格。
- 单击编辑栏中的"插入函数"按钮，自动显示出等号"＝"，以及出现"插入函数"对话框。找到"IF"函数，打开"函数参数"对话框。
- 在对话框中输入图 4-43 所示的内容后，单击"确定"按钮。

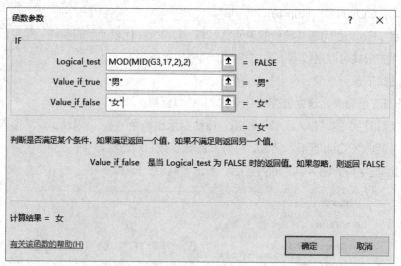

图 4-43

（5）根据身份证号计算出生年月

通过身份证号计算出生年月的操作方法如下。

- 选中要存放结果的 I3 单元格。
- 单击编辑栏中的"插入函数"按钮，自动显示出等号"＝"，以及出现"插入函数"对话框。找到"DATA"函数，打开"函数参数"对话框。
- 在对话框中输入图 4-44 所示的内容后，单击"确定"按钮。

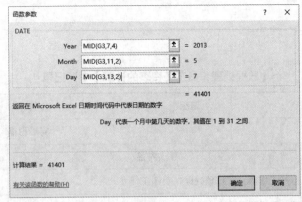

图 4-44

（6）搜索元素函数 VLOOKUP

搜索元素函数 VLOOKUP()的功能是搜索表区域首列满足条件的元素，确定待检索单元格在区域中的行序号，再进一步返回选定单元格的值。默认情况下，表是以升序排列的。

函数名称：VLOOKUP。

使用格式为"VLOOKUP（Lookup_value，Table_array，Col_index_num，Range_lookup）"。其中，Lookup_value 表示需要在数据表首列进行搜索的值，可以是数值、引用或字符串；Table_array 表示要在其中搜索数据的文字、数字或逻辑值表，Table_array 可以是对区域名称的引用；Col_index_num 表示应返回其中匹配值的 Table_array 中的列序号，表中首值列序号为 1；Range_lookup 是一个逻辑值，若要在第一列中查找大致匹配，请使用 true 或省略，若要查找精确匹配，请使用 false。

例如，在成绩表中搜索某学生的某门课程的成绩，操作方法如下。

- 选中要存放结果的 H2 单元格。
- 单击编辑栏中的"插入函数"按钮，自动显示出等号"＝"，以及出现"插入函数"对话框。找到"VLOOKUP"函数，打开"函数参数"对话框。
- 在对话框中输入图 4-45 所示的内容后，单击"确定"按钮。

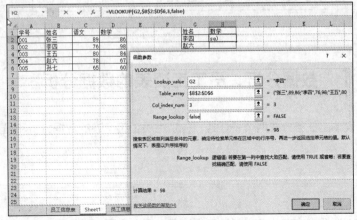

图 4-45

任务考评

【数据处理：员工工资表的计算】考评记录

学生姓名		班级		任务评分	
实训地点		学号		完成日期	

	序号	考核内容	标准分	评分
任务实现步骤	基本计算 30分	打开工作簿，进行预处理，新建工作表	5	
		输入公式和函数的方法	5	
		单元格的引用	5	
		运算符的使用	5	
		计算合计值、平均值、最大值（最小值）及计数	10	
	进阶计算 40分	计算调整后的工龄工资	5	
		计算调整后的职务工资	5	
		计算应发合计、住房公积金、实发工资	5	
		计算实发工资排名	5	
		计算性别、出生年月	10	
		搜索函数的使用	10	
	综合效果 10分	整体效果是否协调、是否符合使用习惯	10	
	职业素养 20分	实训管理：纪律、清洁、安全、整理、节约等	5	
		团队精神：沟通、协作、互助、自主、积极等	5	
		工单填写：清晰、完整、准确、规范、工整等	5	
		学习反思：技能点表达、反思内容等	5	
教师评语				

【任务 4】 数据分析：员工工资表的数据分析

将员工工资表输出任务分成两个子任务，分别为员工工资表的数据分析和员工工资表的图表呈现。

任务描述

A 公司根据工资调整方案计算出新的工资表后，现在需要对新的工资表进行数据分析，以判断工资调整方案是否合理、可行。

任务分解

分析上面的工作情境得知，我们需要完成下列任务。

- 数据排序：如比较最高工资和最低工资是否在一个合适的范围内。
- 数据筛选：如按不同筛选标准，比较调整后的工资是否合理。
- 分类汇总：如比较同一部门、同一岗位的人员工资是否合理、男女是否同工同酬等。
- 数据透视表：创建、修改数据透视表，更新数据，并用数据透视图表示。

分析上面的工作情境得知，我们需要掌握以下知识。

在进行数据分析前，需要将所有的中间数据都计算出来，并且要保证数据的正确性，即在数据分析前，需要先完成数据计算。在 Excel 2016 中数据分析的功能全部是基于正确的数据列表格式实现的，所以在数据分析前，除了正确计算数据外，也要准备好数据列表。

数据列表是我们平时在 Excel 2016 中处理的二维表格，要想进行正确的数据分析，数据列表需具有以下特征。

- 没有空白的行或列：数据列表一般而言，是一个矩形区域，在这个区域中不能有空白的行或列。
- 每列数据应有列标题：列标题方便用户理解数据的含义，且不能有重复的列标题。
- 每列数据的格式一致：每个列标题下的数据格式不能有不同类型。
- 不能包含特殊的格式：数据列表中不能有合并单元格、斜线表头等特殊格式。

任务目标

- 数据排序方法：单一条件排序、多条件排序、自定义排序。
- 数据筛选方法：自动筛选、高级筛选。
- 分类汇总：创建分类汇总、删除分类汇总、分级显示。
- 数据透视表：创建、修改数据透视表，更新数据、数据透视图。

示例演示

要完成"数据分析：员工工资表的数据分析"任务，可以按下列步骤进行。

- 数据排序：单一条件排序、多条件排序、自定义排序。
- 数据筛选：自动筛选、高级筛选。
- 分类汇总：创建和删除分类汇总、分级显示。
- 数据透视表：创建、修改数据透视表，更新数据、数据透视图。

完成"数据分析：员工工资表的数据分析"任务后，部分结果如图 4-46 所示。

1 2 3		A	B	C	D	E	F	G	H	I	J	K
1						A公司员工工资表						
2		编号	姓名	部门	职务	参加工作时间	基本工资	调整后的职务工资	调整后的工龄工资	应发合计	住房公积金	实发工资
3		001	赵亮	办公室	职员	2013/5/7	2000	1000	900	3900	390	3510
4		002	汪秋月	办公室	副经理	2019/10/5	1500	2000	300	3800	380	3420
5				办公室 平均值								3465
6		006	曾冉	后勤部	职员	2007/4/25	1700	1000	1500	4200	420	3780
7		007	王岗	后勤部	副经理	1993/4/5	2500	2000	2900	7400	740	6660
8		008	李萧萧	后勤部	职员	2019/8/9	1300	1000	300	2600	260	2340
9				后勤部 平均值								4260
10		003	曾沥	销售部	副经理	2000/8/6	2500	2000	2200	6700	670	6030
11		004	刘蓝	销售部	职员	2009/4/7	1400	1000	1300	3700	370	3330
12		005	王兵	销售部	职员	2002/12/8	1300	1000	2000	4300	430	3870
13				销售部 平均值								4410
14		009	张静	制造部	经理	1996/4/7	3500	3000	2600	9100	910	8190
15		010	陈杨	制造部	副经理	1997/10/5	2500	2000	2500	7000	700	6300
16		011	杨苗	制造部	职员	2013/4/21	1300	1000	900	3200	320	2880
17		012	李忆如	制造部	职员	2015/9/21	1300	1000	700	3000	300	2700
18		013	王军	制造部	职员	2014/4/9	1300	1000	800	3100	310	2790
19				制造部 平均值								4572
20				总计 平均值								4292.3077
21												

图 4-46

任务实现

完成"数据分析：员工工资表的数据分析任务，掌握每个步骤对应的知识技能。

步骤 1：打开工作簿，创建分析表

打开前面保存的工作簿，新建"分析表"工作表，将"工资表"的数据复制到"分析表"。

如要将整个表格的大标题复制过来，则大标题格式不能设为"合并后居中"，而应是在"设置单元格格式"对话框中的"水平对齐"下拉列表中，选择"跨列居中"选项，这样才符合数据列表的要求，不会影响后面数据分析的操作。

步骤 2：排序

在工作表中，需要对某列（如"应发工资"）进行排序，数据格式不同，排序方式也不同，具体说明如下。

- 文本：按字母顺序，A~Z 为升序，Z~A 为降序；也可调整为按笔画排序，在"排序"对话框中单击"选项"按钮进行选择。
- 数值：数字从小到大为升序，从大到小为降序。
- 日期时间：从早到晚为升序，从晚到早为降序。

单一条件排序的操作步骤如下。

- 选中"应发工资"列中任意一个有数据的单元格。
- 选择"开始">"编辑">"排序和筛选"下拉菜单中的"升序"或"降序"命令，也可以单击"数据">"排序和筛选">"升序"或"降序"按钮。

多条件排序的操作步骤如下（例如需要按"部门、职务、基本工资"对数据进行排序）。

- 选中数据表格中任意一个单元格。
- 单击"数据">"排序和筛选">"排序"按钮，弹出"排序"对话框，如图 4-47 所示。

图 4-47

- 将"主要关键字""次要关键字""次要关键字"分别设置为"部门""职务""基本工资"，
  并设置好排序方式（"升序"或"降序"），单击"确定"按钮即可。

自定义排序的操作方法如下（当对"职务"列进行排序时，无论是按"拼音"还是"笔画"，
都不符合要求）。

- 选中"职务"列中任意一个单元格。
- 单击"数据">"排序和筛选">"排序"按钮，弹出"排序"对话框，在"次序"按
  钮的下拉列表框中选择"自定义序列..."选项，如图 4-48 所示，打开"自定义序列"
  对话框。
- 输入"经理，副经理，职员"的自定义序列，如图 4-49 所示。单击"添加"按钮，将自
  定义的序列添加至左边的列表中，单击"确定"按钮。

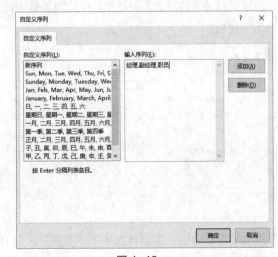

图 4-48   图 4-49

步骤 3：自动筛选

筛选在 Excel 2016 中是一个不可缺少的功能，综合利用好各种筛选方法可以给数据处理工作
带来极大的便利，提高工作效率。筛选后，将不满足条件的数据暂时隐藏起来，只显示符合条件的
数据。对于筛选结果，可以直接进行复制、查找、编辑、格式设置、图表制作以及打印等操作。

自动筛选用于简单的条件筛选，方法如下。

- 选中数据表格中任意一个单元格。
- 单击"数据">"排序和筛选">"筛选"按钮，可以看到数据表的列标题全部变成下拉列表形式，如图 4-50 所示。

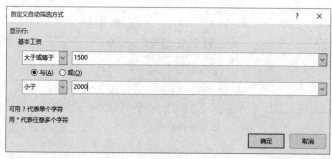

图 4-50

- 单击列标题的下拉按钮，选择筛选条件。
- 如果在直接的筛选条件中不能得到自己需要的筛选条件，可以选择"自定义筛选"选项，弹出"自定义自动筛选方式"对话框，在此对话框中输入相应的值，如图 4-51 所示，单击"确定"按钮。

图 4-51

- 如果需要取消自动筛选，可以再次单击"数据">"排序和筛选">"筛选"按钮。

步骤 4：高级筛选

高级筛选用于构建复杂条件的筛选，要使用高级筛选功能，必须先建立一个条件区域，其要求如下。

- 条件区域与数据表之间至少留一个空白行或列。
- 条件区域可以包含若干列，列标题必须是数据表中某列的列标题。

- 条件区域可以包含若干行，每行为一个筛选条件（称为条件行），条件行与条件行之间为"或"关系，即数据表中的记录只要满足其中一个条件行的条件，筛选时就显示。

- 如果一个条件行的多个单元格输入了条件，这些条件为"与"关系，则这些条件都满足时，该条件行的条件才算满足。

- 条件行单元格中条件的格式是在比较运算符后面跟一个数据，无运算符表示"＝"，无数据表示 0。

本任务需要筛选工作表中"实发工资"大于等于 2500 元、职务为"职员"的数据，使用高级筛选功能来实现，具体步骤如下。

- 设置条件区域，输入条件，本任务的条件区域为 C18:D19。

- 单击"数据">"排序和筛选">"高级"按钮，在弹出的"高级筛选"对话框中分别选择结果存放的方式（存放位置）、列表区域（一般为整个数据表）、条件区域（输入条件区域的位置），如图 4-52 所示。

图 4-52

- 单击"确定"按钮，得到筛选结果。

步骤 5：分类汇总

分类汇总是将数据表中的数据先按照某一需要的标准分组（排序，将相同的数据放到一起），然后对同组数据进行分类汇总得到相应的处理结果（如求和、求平均值等）。

分类汇总后，Excel 2016 将分级显示列表，以便为每个分类汇总显示和隐藏明细数据行。

本任务需要分部门求实发工资的平均数，操作步骤如下。

- 选定数据表中进行分类汇总的分类字段列中的某一个单元格（本任务中为"部门"字段的任一有数据的单元格），选择"开始">"编辑">"排序和筛选"下拉菜单中的"升序"或"降序"命令，使得相同部门的员工排在一起。

- 单击"数据">"分级显示">"分类汇总"按钮，弹出"分类汇总"对话框，在"汇总方式"下拉列表框中选择相应选项，在"选定汇总项"列表框中选择需要的汇总项，如图 4-53 所示。

- 单击"确定"按钮，结果如图 4-54 所示。

图 4-53

					某公司员工信息表						
	编号	姓名	部门	职务	参加工作时间	基本工资	调整后的职务工资	调整后的工龄工资	应发合计	住房公积金	实发工资
3	009	张静	制造部	经理	1996/4/7	3500	3000	2600.00	9100	910	8190
4	010	陈杨	制造部	副经理	1997/10/5	2500	2000	2500.00	7000	700	6300
5	011	杨苗	制造部	职员	2013/4/21	1300	1000	900.00	3200	320	2880
6	012	李亿如	制造部	职员	2015/9/21	1300	1000	700.00	3000	300	2700
7	013	王军	制造部	职员	2014/4/9	1300	1000	800.00	3100	310	2790
8			制造部 平均值								4572
9	003	曾汤	销售部	副经理	2000/8/6	2500	2000	2200.00	6700	670	6030
10	004	刘蓝	销售部	职员	2009/4/7	1400	1000	1300.00	3700	370	3330
11	005	王兵	销售部	职员	2002/12/8	1300	1000	2000.00	4300	430	3870
12			销售部 平均值								4410
13	006	曾南	后勤部	经理	2007/4/25	1700	1000	1500.00	4200	420	3780
14	007	王岗	后勤部	副经理	1993/4/1	2500	1000	2900.00	7400	740	6660
15	008	李萧萧	后勤部	职员	2019/8/9	1300	1000	300.00	2600	260	2340
16			后勤部 平均值								4260
17	001	赵亮	办公室	职员	2013/5/7	2000	1000	900.00	3900	390	3510
18	002	汪秋月	办公室	职员	2019/10/5	1500	2000	300.00	3800	380	3420
19			办公室 平均值								3465
20			总计平均值								4292.3077

图 4-54

- 在对数据进行分类汇总后，如果需要恢复工作表的原始数据，可对分类汇总进行删除。方法为再次选定工作区域，单击"数据"＞"分级显示"＞"分类汇总"按钮，在弹出的"分类汇总"对话框中单击"全部删除"按钮。

分类汇总的结果可以分级显示，最多可分为 8 级。使用分级显示可以快速显示摘要行或列，或者根据需要显示出每组的明细数据。

上述分类汇总操作只显示第一级的结果，各种操作方法分别如下。

逐一单击分类汇总结果左边的折叠"－"或展开"＋"按钮。

单击某一级别的编号，处于低级别的明细数据将变为隐藏状态。如现在单击回车键，则只显示第一级别的数据，结果如图 4-55 所示。

					某公司员工信息表						
	编号	姓名	部门	职务	参加工作时间	基本工资	调整后的职务工资	调整后的工龄工资	应发合计	住房公积金	实发工资
8			制造部 平均值								4572
12			销售部 平均值								4410
16			后勤部 平均值								4260
19			办公室 平均值								3465
20			总计平均值								4292.3077

图 4-55

能力拓展

在 Excel 2016 中，数据透视表是一种用于对数据进行分析的三维表格，它的特点在于表格结构的不固定性，用户可以随时根据实际需要进行调整，得出不同的表格视图。它将排序、筛选、分类汇总这 3 个过程结合在一起，通过对表格行、列的不同选择甚至进行转换以查看源数据的不同汇总结果，可以显示不同的页面以筛选数据，并根据不同的实际需要显示所选区域的明细数据。此功能给用户分析数据带来了极大的便利。

（1）数据透视表

数据透视表的创建有两种方法，一种是推荐的数据透视表，系统提供创建好的数据透视表供用户选择；另一种是用户自行创建数据透视表。自行创建数据透视表的方法如下。

- 单击数据源区域中的任一单元格。
- 单击"插入" > "表格" > "数据透视表"按钮，打开"创建数据透视表"对话框，如图 4-56 所示。

图 4-56

- 在"创建数据透视表"对话框中，指定数据来源，指定透视表的位置，单击"确定"按钮。Excel 2016 会在指定位置生成一个空的数据透视表，并在右侧显示"数据透视表字段"窗格，如图 4-57 所示。

图 4-57

- 在"数据透视表字段"窗格中，根据需要向 4 个空白区域（包括筛选、列、行和值）添加字段，如图 4-58 所示。

图 4-58

在创建数据透视表后，如果数据源中的数据进行了更改，那么需要单击"数据透视表工具">"分析">"数据">"刷新"按钮，将更改后的数据反映到数据透视表中。

在创建数据透视表后，可以修改数据透视表的选项，方法如下。

- 单击数据透视表区域中的任一单元格。
- 单击"数据透视表工具">"分析">"数据透视表">"选项"按钮，弹出"数据透视表选项"对话框，如图 4-59 所示。
- 依据用户的需求修改后，单击"确定"按钮。

（2）数据透视图

数据透视图以图表的形式呈现出透视表中的数据项，更为形象、直观。为数据透视图提供源数据的是相关联的数据透视表。

除了数据源来自数据透视表以外，数据透视图与标准图表的组成元素基本相同，也包含坐标轴、图例、数据标记、类别、数据系列等。与普通图表的区别在于，数据透视图中有字段筛选器，以便对数据进行排序和筛选。

创建数据透视表后，可以进一步以数据透视图的形式展示数据，方法如下。

- 单击数据透视表区域中的任一单元格。
- 单击"数据透视表工具">"分析">"工具">"数据透视图"按钮，打开"插入图表"对话框。
- 选择相应的图表类型，如图 4-60 所示，单击"确定"按钮，将数据透视图插入当前的透视表中。

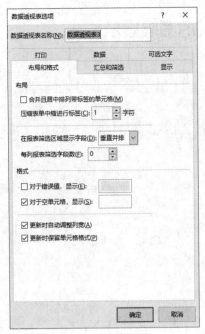

图 4-59

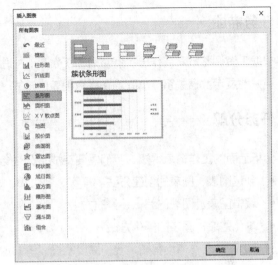

图 4-60

任务考评

【数据分析：员工工资表的数据分析】考评记录

学生姓名		班级		任务评分	
实训地点		学号		完成日期	

	序号	考核内容	标准分	评分
任务实现步骤	基本操作 5 分	找到前一个任务保存的工作簿，并打开	5	
	数据排序 30 分	单一条件排序	10	
		多条件排序	10	
		自定义排序	10	
	数据筛选 20 分	自动筛选	10	
		高级筛选	10	
	分类汇总 20 分	创建分类汇总	5	
		删除分类汇总	5	
		分级显示	10	
	能力拓展 5 分	制作数据透视图和表	5	
	职业素养 20 分	实训管理：纪律、清洁、安全、整理、节约等	5	
		团队精神：沟通、协作、互助、自主、积极等	5	
		工单填写：清晰、完整、准确、规范、工整等	5	
		学习反思：技能点表达、反思内容等	5	
教师评语				

【任务 5】 数据呈现：员工工资表的图表展示

任务描述

根据工资调整方案制作出了调整后的工资表，并进行了相应的数据分析，下面制作上报材料。为了更好地展示数据关系，小张准备采取图表的形式。

任务分解

分析上面的工作情境得知，我们需要完成下列任务。

- 创建图表：图表的创建方法。
- 编辑图表：图表的编辑、修改方法。
- 美化图表：图表的美化方法。

分析上面的工作情境得知，我们需要掌握以下知识。

在 Excel 2016 中，图表可以将数据图形化，更直观地显示数据，使数据的比较或趋势变得一目了然，从而更容易表达观点。图表在数据统计中用途很大。图表可以用来表现数据间的某种相对关系。在常规状态下，一般运用柱形图表现数据间的多少关系；用折线图反映数据间的趋势关系；用饼图表现数据间的比例分配关系。

在 Excel 2016 中，主要提供以下几大类图表（其中每个大类下又包含几种子类型图表）。

- 柱形图由一系列垂直矩形条组成，通常用来比较一段时间中两个或多个项目的相对尺寸。
- 折线图用来显示一段时间内的趋势，例如数据在一段时间内呈增长趋势，在另一段时间内处于下降趋势。可以通过折线图对将来做出预测。
- 饼图用于对比几个数据在其形成的总和中所占的百分比值。整个饼图代表总和，每一个数用一个楔形或薄片代表，例如表示不同产品的销售量占总销售量的百分比、各单位的经费占总经费的比例等。
- 条形图由一系列水平矩形条组成，使得对于时间轴上的某一点，两个或多个项目的相对尺寸具有可比性。它与柱形图的行和列刚好相反，所以有时可以互换使用。
- XY 散点图展示成对的数和它们所代表的趋势之间的关系。对于每一个数对，一个数被绘制在 x 轴上，而另一个数被绘制在 y 轴上。过两点做轴的垂线，相交处在图表上有一个标记。当大量的这种数对被绘制后，将出现一个图形。
- 股价图是一类比较复杂的专用图形，必须按照正确的顺序来组织数据才能创建股价图。股价图主要用来研判股票或期货市场的行情，描述一段时间内股票或期货的价格变化情况。
- 雷达图显示数据如何按中心点或其他数据变动。每个类别的坐标从中心点辐射，来源于同一序列的数据用线条相连。可以采用雷达图来绘制几个内部相关联的序列，很容易地做出可视的对比。

- 面积图显示一段时间内变动的幅度。当有几个部分正在变动，且对部分的总和感兴趣时，面积图特别有用。面积图能使用户单独看见各部分的变动，同时也能看到总体的变化，即显示部分与整体的关系。
- 其他还有树状图（适合比较层次结构内的比例）、旭日图（用于显示分层数据）、直方图（用于显示分布内的频率）、箱形图（用于显示数据到四分位点的分布）、瀑布图（用于显示加、减数值时数据的累计汇总）、组合图（将多种图表类型组合在一起，使数据更易被理解）等。

任务目标

- 创建图表的方法：选择合适的数据区域、设置图表类型等。
- 编辑图表的方法：更改类型、更改元素（如图表标题、坐标轴、图例、数据标志等）、调整大小、动态更新、移动位置、删除图表等。
- 美化图表的方法：设置颜色、边框样式、对齐方式等。

示例演示

要完成"数据呈现：员工工资表的图表展示"任务，在具体创建过程中，可以按下列步骤完成。

- 创建图表：选择合适的数据区域、设置图表类型等。
- 编辑图表：更改类型、更改元素、调整大小、动态更新、移动位置、删除图表等。
- 美化图表：设置颜色、边框样式、对齐方式等。

完成员工工资表的图表展示后，部分效果如图 4-61 所示。

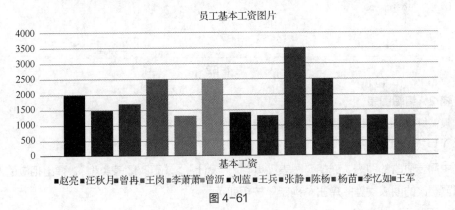

图 4-61

任务实现

完成"数据呈现：员工工资表的图表展示"任务，掌握每个步骤对应的知识技能。

步骤 1：打开工作簿，创建图表

打开前面保存的工作簿，创建基于"基本工资"的柱状图，操作方法如下。

- 选择合适的数据区域：将"姓名"列和"基本工资"列的所有数据选中，注意，列标题也要一起选中，否则做出的图表会因欠缺数据而不好识别。
- 设置图表类型：选择"插入">"图表">"柱形图"下拉菜单中的"簇状柱形图"命令，在表中建立一个柱形图。
- 使用"插入图表"对话框：单击"插入">"图表">"对话框启动器"按钮，打开"插入图表"对话框，选择"所有图表"选项卡，选择"柱形图">"簇状柱形图"，如图4-62所示，单击"确定"按钮，在表中建立一个柱形图。

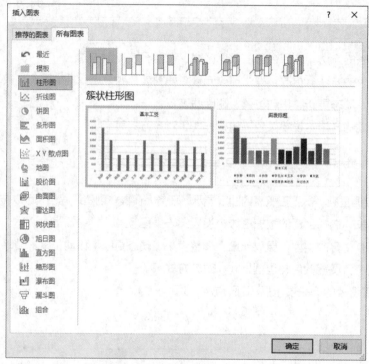

图 4-62

步骤 2：编辑图表

图表做好后，还可以按需要进行修改编辑。

（1）更改图表类型

选中需要更改的图表，选择"图表工具">"设计">"更改图表类型"，弹出相应的对话框，选择想要更改的图表类型，单击"确定"按钮即可。

（2）更改图表的元素

组成图表的元素包括图表标题、坐标轴、网格线、图例、数据标志等，用户均可添加或重新设置。

想要更改图表元素，可以选中需要更改的图表，单击"图表工具">"设计">"图表布局">"添加图表元素"下拉按钮，弹出下拉菜单，如图4-63所示。选择想要更改的图表元素，打开对应图表元素的设置对话框进行设置，单击"确定"按钮。

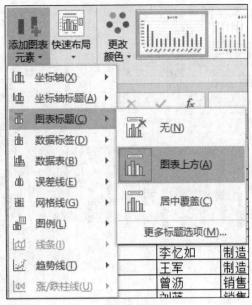

图 4-63

例如，添加标题的方法是选择"图表工具">"设计">"图表布局">"添加图表元素">
"图表标题">选择想要的标题样式，也可以选择"更多标题选项"命令，选择想要的标题格式。

（3）调整图表的大小

拖动图表区的框线可改变图表的整体大小。改变图例区、标题区、绘图区等大小的方法
与改变图表大小的方法相同，即在相应区的空白处单击，边框线出现后，将鼠标指针移动到
框线上的空心圆形按钮上，当鼠标指针变成双向箭头时，按住鼠标左键拖动鼠标即可调整图
表大小。

（4）动态更新图表

生成图表后，发现需要修改表格数据，可以直接修改原始数据，图表会自动更新。

（5）移动图表

首先单击图表的边框，图表的四角和四边上将出现 8 个空心的圆形按钮。接着按住鼠标左键
不放并拖动鼠标，这时鼠标指针会变成四向箭头和虚线形状，拖动鼠标将图表移动到恰当的位置，
释放鼠标左键即可。

（6）删除图表

单击图表的边框以选中它，然后按【Delete】键即可删除它。

步骤 3：美化图表

图表制作完成后，可根据需要选择背景、色彩、子图表、字体等来美化图表。在图表中双击
任何图表元素都会打开相应的格式设置窗格，在该窗格中可以设置该图表元素的格式。

例如，双击图表的标题，则在右侧出现图 4-64 所示的"设置图表标题格式"窗格，选择"标
题选项"可以对标题的"填充""效果""大小与属性"等属性进行设置，选择"文本选项"可以
对标题的"文本填充与轮廓""文字效果""文本框"等属性进行设置。

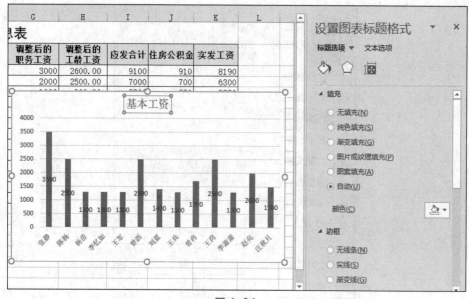

图 4-64

能力拓展

创建图表后，需要对图表进行编辑和美化，除了前文所述的方法外，还可以使用快速更改图表元素、图表样式和数据系列的方法。

（1）快速更改图表元素

选中需要更改的图表，单击右边出现的加号形状的按钮，勾选需要的图表元素前的复选框，如图 4-65 所示，并对下拉菜单中的内容进行进一步的设置，即给图表添加了一个位于"数据标签外"的数据标签。

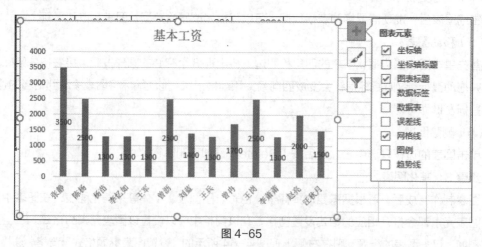

图 4-65

可以给图表设置坐标轴、坐标轴标题、图表标题、数据标签、数据表、误差线、网络线、图例、趋势线等。

（2）快速更改图表样式

选中需要更改的图表，单击右边出现的笔形状的按钮，从中选择需要的图表样式，如图 4-66 所示。将图表样式更改为一个名为"样式 11"的图表样式，并将颜色改为橙色。

可以在"样式"和"颜色"选项卡中选择需要的图表样式和图表颜色。

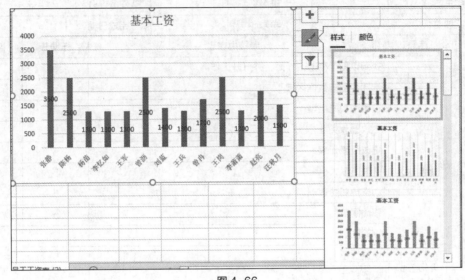

图 4-66

（3）快速更改数据系列

选中需要更改的图表，单击右边出现的漏斗形状的按钮，从中选择需要的数据系列，如图 4-67 所示，只选择 3 名员工的数据进行图表展示。可以在"数值"和"名称"选项卡中选择需要的数据项和系列名称、类别名称。

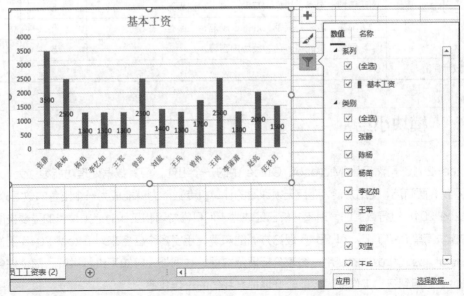

图 4-67

任务考评

【数据呈现：员工工资表的图表展示】考评记录

学生姓名		班级		任务评分		
实训地点		学号		完成日期		
任务实现步骤	序号	考核内容			标准分	评分
	创建图表 20分	找到以前保存的工作簿，并打开工作簿			5	
		选择合适的数据区域			5	
		设置图表的类型			10	
	编辑图表 30分	更改图表类型			5	
		更改图表元素			5	
		调整图表大小			5	
		动态更新图表			5	
		移动图表			5	
		删除图表			5	
	美化图表 15分	设置颜色			5	
		设置样式			5	
		设置字体			5	
	能力拓展 15分	快速更改图表元素			5	
		快速更改图表样式			5	
		快速更改图表系列			5	
	职业素养 20分	实训管理：纪律、清洁、安全、整理、节约等			5	
		团队精神：沟通、协作、互助、自主、积极等			5	
		工单填写：清晰、完整、准确、规范、工整等			5	
		学习反思：技能点表达、反思内容等			5	
教师评语						

模块小结

　　Excel 2016 虽然只是 Microsoft Office 中的一个组件，但其数据处理功能很强大。Excel 2016 不仅界面简洁，使用方便，而且无须深厚的计算机专业能力就能成为一个出色的数据分析员。通过 Excel 2016 进行数据的管理和分析已经成为人们日常学习和工作时必须具备的重要技能。

　　本模块简单介绍了 Excel 2016 理论方面的知识，用了多个任务来对 Excel 2016 工作表和工作簿操作、公式和函数的使用、图表分析展示数据、数据处理等知识进行讲解，每个任务都具有实操性，运用到日常工作中时，能较好地提升我们的工作效率。

课后练习

一、选择题

1. 若某单元格中显示一排与单元格等宽的"#"时，说明（　　）。

    A. 所输入的公式无法正确计算　　　　　　B. 被引用单元格可能被删除

    C. 单元格内数据长度大于单元格宽度　　　D. 所输入公式中含有未经定义的名字

2. 在 Excel 2016 的默认格式状态下，向 A1 单元格中输入"00001"后，该单元格中显示（　　）。

    A. 00001　　　　　　B. 0　　　　　　C. 1　　　　　　D. # NULL

3. 下列哪项的求和是不可行的？（　　）。

    A. 同一列里的多个单元格　　　　　　　　B. 同一行里的多个单元格

    C. 不同工作表的多个单元格　　　　　　　D. 不同行、列的多个单元格

4. 在 Excel 2016 的某工作表中，对 A1 单元格中的数据进行四舍五入（保留一位小数），并将结果填入 D2 单元格中，应在 D2 单元格中输入公式（　　）。

    A. =round(A1,1)　　　B. =round(A1,3)　　C. =int(A1)　　　D. =sum(A1)

5. 在 Excel 2016 中，关于数据表排序的叙述中，（　　）是不正确的。

    A. 汉字数据可以按拼音升序排列　　　　　B. 汉字数据可以按笔画降序排列

    C. 日期数据可以按日期降序排列　　　　　D. 对于整个数据表不可以按列排序

6. 在 Excel 2016 中进行分类汇总之前，必须对数据进行（　　）操作。

    A. 筛选　　　　　　B. 排序　　　　　　C. 建立数据库　　D. 定位

7. 在 A1 单元格中输入"80"，在 B1 单元格中输入条件函数"=IF(A1>=80,"Good",IF(A1>=60,"Pass","Fail"))"，则在 B1 单元格中显示（　　）。

    A. Fail　　　　　　　　　　　　　　　　B. Pass

    C. Good　　　　　　　　　　　　　　　D. @IF(A1>=60,"Pass","Fail")

8. 若工作表 A1 单元格中的内容为"计算机应用"，则公式"=MID（A1,4,2）"的结果是（　　）。

    A. #NAME?　　　　　B. 应用　　　　　　C. 机应　　　　　D. 机

9. Excel 2016 中对单元格的引用有（　　）、绝对地址和混合地址。

    A. 存储地址　　　　　B. 活动地址　　　　C. 相对地址　　　D. 循环地址

二、操作题

在 Excel 2016 中，制作一份宿舍同学信息表和成绩表，然后美化表格，利用函数计算出所需的列项，最后制作包括姓名和成绩的图表，展示数据。

模块5
演示文稿制作

05

学习导读

　　演示文稿制作是信息化办公的重要组成部分。借助演示文稿制作工具，可快速制作出图文并茂、富有感染力的演示文稿，并且可通过图片、视频和动画等多媒体形式展现复杂的内容，从而使表达的内容更容易被理解。

　　PowerPoint 是微软公司 Office 套件中的一个应用软件，主要功能包含演示文稿制作、动画设计、母版制作和使用、演示文稿放映和导出等内容。

学习目标

- 知识目标：了解 PowerPoint 2016 的界面与功能特点；熟悉 PowerPoint 2016 的窗口布局和组成；熟悉 PowerPoint 2016 选项卡对应用功能区中各项功能的应用。
- 能力目标：掌握 PowerPoint 2016 的基本操作，如创建、打开、保存、退出等；掌握 PowerPoint 2016 幻灯片的基本操作，如幻灯片的创建、复制、删除、移动等；掌握在 PowerPoint 2016 幻灯片中插入文本框、图形、图片、表格、音频、视频等对象的方法；掌握 PowerPoint 2016 幻灯片切换动画和对象动画的设置方法；了解 PowerPoint 2016 幻灯片的放映类型；掌握演示文稿的高级操作，如设置母版等。
- 素质目标：提升利用计算机展示数据的意识和能力；提升将庞大复杂数据内容转换为比较直观的演示文稿的能力。

相关知识——PowerPoint 2016

模块 5　演示文稿
制作

　　演示文稿是应用信息技术，将文字、图片、声音、动画和电影等多种媒体有机结合在一起形成的多媒体幻灯片，广泛应用于会议报告、课程教学、广告宣传、产品演示等方面。学习制作多媒体演示文稿是大学信息技术课程的一个重要内容。

　　本模块以 PowerPoint 2016 为例，讲解演示文稿的制作、编辑以及打包等内容。

5.1 PowerPoint 2016 的启动与退出

1. 启动 PowerPoint 2016

PowerPoint 2016 的启动方法与 Word 2016 的启动方法完全一致，同样可通过以下几种方式完成。

- 从"开始"菜单中启动 PowerPoint 2016。
- 通过快捷图标启动 PowerPoint 2016。
- 通过已存在的 PowerPoint 文档启动 PowerPoint 2016。

2. 退出 PowerPoint 2016

PowerPoint 2016 的退出方法也与 Word 2016 的退出方法完全一致，常用的方法有如下 3 种。

- 单击 PowerPoint 2016 右上角的"关闭"按钮。
- 选择"文件>""关闭"命令。（只能关闭文档，不能退出程序）。
- 按组合键【Alt + F4】。

5.2 PowerPoint 2016 的工作界面

PowerPoint 2016 的工作界面主要包括快速访问工具栏、标题栏、选项卡、功能区、幻灯片编辑区、幻灯片导航区、备注栏和状态栏等部分，使用方法与 Word 2016 中相应部分的使用方法相同。其工作界面如图 5-1 所示。

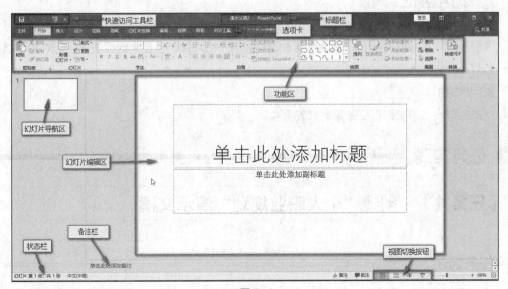

图 5-1

1. 标题栏

标题栏显示软件的名称和正在编辑的文件名称，如果是一个新建文件，则默认为"演示文稿

1-PowerPoint"。

2. 快速访问工具栏

快速访问工具栏位于窗口的左上角（也可以将其放在功能区的下方），通常放置一些最常用的命令按钮，可单击"自定义快速访问工具栏"按钮，根据需要删除或添加常用命令按钮。

3. "文件"按钮

单击"文件"按钮，弹出"文件"菜单，包括"新建""打开""保存""打印""关闭"等常用文件操作命令。

4. 功能区

一些最常用的命令按钮按选项卡分组显示在功能区中，以方便用户使用。PowerPoint 2016 提供了"开始""插入""设计""切换""动画""幻灯片放映""审阅""视图"等选项卡及对应的功能区。

5. 幻灯片编辑区

幻灯片编辑区就是编辑幻灯片的工作区域，每张图文并茂的幻灯片就是在幻灯片编辑区中制作的。在幻灯片的编辑区有两个虚线框，称为占位符。顾名思义，占位符的作用就是先占住一个固定的位置，等着用户往里面添加内容。占位符在幻灯片上表现为一个虚线框，虚线框内有"单击此处添加标题"之类的提示语，一旦单击之后，提示语会自动消失。当要创建自己的模板时，占位符就显得非常重要，它能起到规划幻灯片结构的作用。

6. 备注栏

工作区的下边就是备注栏，用来编辑幻灯片的一些备注文本。备注栏的内容不显示在幻灯片上，但在打印时会打印到资料上。

7. 幻灯片导航区

在 PowerPoint 2016 工作界面的左侧是幻灯片导航区。当在幻灯片视图下（默认），幻灯片导航区显示幻灯片的缩略图，方便用户查看或快速选择幻灯片。当在大纲视图下，幻灯片导航区显示幻灯片的文本内容，方便快速编辑。

8. 状态栏

状态栏显示当前文档相应的某些状态要素。

任务实践

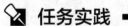 【任务 1】 创建"个人职业规划"演示文稿

任务描述

经过专业课程的学习，为准备进入社会，班级组织演讲。为此，小张要创建"个人职业规划"演示文稿，具体要求如下。

- 围绕个人情况，对自我做个总结，形成文字素材。

- 创建演示文稿，按内容制作幻灯片并保存。

任务分解

分析上面的工作情境得知，我们需要完成下列任务。

- 准备文字素材，创建演示文稿。
- 根据内容制作幻灯片。
- 保存演示文稿。

分析前面的工作情境得知，我们需要掌握以下知识。

在创建演示文稿之前，首先需要根据自己个人的总结，并按以下 4 方面整理成文字素材。

- 自我认识：分析总结自我情况，分析自我的性格、爱好和技能。
- 自我评估：分析自我的优缺点。
- 环境分析：分析就业环境。
- 职业定位：依据以上的分析，为自己做职业定位。

在准备素材之前，应先了解演示文稿的如下制作要点。

- 少用大段的文字，尽量按条列出。
- 有数据的地方尽量做成数据图表，一目了然。
- 风格朴素，版式简约而新颖。
- 插图清晰，可以小，但不要模糊。

总而言之，准备制作素材时，要满足以下要求。

- 完整：制作内容应尽可能考虑周全，文字、图片等素材尽量前期准备好，尽量避免需要用到的知识没有录入的情况发生。
- 客观真实：自我认识、评估、分析和定位等部分要真实可信。
- 规范：选择合适的版式，可以让演示文稿的制作更规范、高效。

"个人职业规划"演示文稿由 6 张幻灯片组成，包括标题、目录、自我认识、自我评估、环境分析和职业定位。第一张幻灯片的版式为标题，其余的幻灯片版式均为标题和内容。

任务目标

- 幻灯片版式：标题幻灯片、标题和内容幻灯片。
- 保存演示文稿：以.pptx 格式保存在指定路径下。
- 基本的 PowerPoint 操作：如幻灯片的添加、删除、复制、选择等。

示例演示

在完成"创建'个人职业规划'演示文稿"的任务之前，需要对自我各方面做总结，并整理出相应的文字素材。

在具体创建过程中，可以按下列步骤完成。

- 制作幻灯片：按内容制作幻灯片，选择合适的版式。
- 幻灯片操作：按需要对幻灯片进行新建、删除、复制、选择等操作。
- 保存演示文稿：将文件保存到桌面，文件名为"个人职业规划.pptx"。

完成后的演示文稿效果如图 5-2 所示。

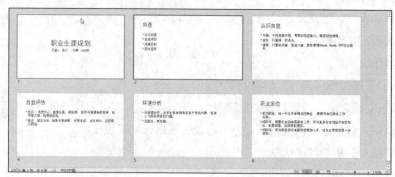

图 5-2

任务实现

完成"创建'个人职业规划'演示文稿"任务，掌握每个步骤对应的知识技能。

步骤 1：新建演示文稿

启动 PowerPoint 2016 时，会自动创建名为"演示文稿 1-PowerPoint"的新演示文稿，并出现一张空白内容的幻灯片。

通过模板和主题可以快速创建演示文稿，提高效率。使用模板和主题新建演示文稿的方法为，选择"文件">"新建"命令，在打开的"新建"参数中，选择合适的模板和主题选项，如图 5-3 所示，单击"创建"按钮。如果不使用系统提供的模板和主题，则选择"空白演示文稿"。

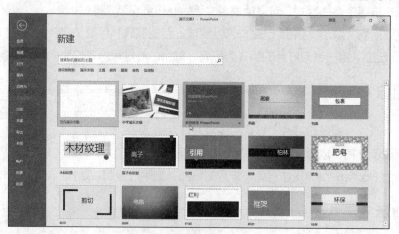

图 5-3

其中主题是一组预定义的颜色、字体和视觉效果，可应用于幻灯片以实现统一专业的外观，如图 5-4 所示。使用主题，用户可以轻松赋予演示文稿和谐的外观。

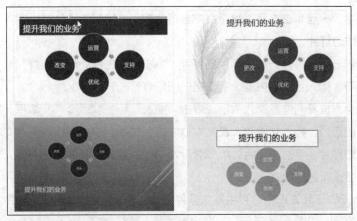

图 5-4

模板是另存为.pptx 文件的一个或一组幻灯片设计图。模板可以包含版式、主题颜色、主题字体、主题效果、背景样式，甚至可以包括内容，例如销售演示文稿、业务计划或课堂课程。

PowerPoint 2016 提供了多种模板和主题，同时用户可在线搜索合适的模板和主题。此外，用户也可根据自身的需要自建模板和主题。

步骤 2：根据版式创建幻灯片

演示文稿中的每张幻灯片都是基于某种自动版式创建的。在新建幻灯片时，可以从 PowerPoint 2016 提供的自动版式中选择一种。每种版式预定义了新建幻灯片的各种占位符的布局情况。PowerPoint 2016 的多种版式如图 5-5 所示。

图 5-5

版式是通过占位符来规划幻灯片的布局的，占位符是在幻灯片中带虚线或阴影边缘的框，在这个框内可以放置标题及正文，或者图表、表格和图片等对象。在虚线框内部有"单击此处添加标题"的提示文字，一旦单击之后，提示文字会自动消失，即可向占位符中输入文本。

步骤 3：制作幻灯片

演示文稿的第一张幻灯片一般为标题幻灯片。单击"单击此处添加标题"与"单击此处添加副标题"的占位符，输入合适的内容，制作第一张幻灯片。

如果想在没有占位符的位置输入内容，单击"插入"＞"文本"＞"文本框"按钮，弹出下拉菜单。选择合适的选项，插入文本框，在文本框内输入文本，输入完毕，可对文本进行格式化。

制作其余的幻灯片：单击"开始"＞"幻灯片"＞"新建幻灯片"按钮，插入新幻灯片，可以依据幻灯片的内容重新选择版式。

PowerPoint 2016 允许在幻灯片中插入多种对象，可以是文本、图片、组织结构图、艺术字、表格、声音和视频等，如图 5-6 所示。这些内容的插入方法与在 Word 2016 中插入它们的方法完全相同。

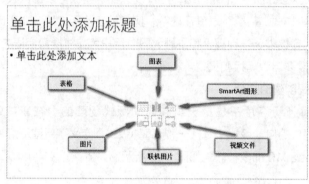

图 5-6

步骤 4：保存演示文稿

演示文稿制作完成后，需要保存，选择"文件"＞"保存"或者"另存为"命令进行保存。PowerPoint 2016 提供多种保存类型，如图 5-7 所示。

图 5-7

演示文稿的打包：如果所用的计算机上未安装 PowerPoint 2016，或者缺少幻灯片中使用的字体等，就无法放映幻灯片或者放映效果不佳，这时就可以把演示文稿打包，便于携带和播放。

能力拓展

演示文稿创建完成后，还需要对幻灯片进行各种操作，如幻灯片位置的移动等，还需要掌握如下拓展知识。

（1）视图模式

PowerPoint 2016 有 5 种主要视图模式，包括普通视图、大纲视图、幻灯片浏览视图、备注页视图和阅读视图，如图 5-8 所示。通过单击各种视图的按钮可在各种视图间进行切换。

图 5-8

- 普通视图是 PowerPoint 2016 的默认视图模式，共包含幻灯片编辑区、"幻灯片"窗格和备注栏 3 部分。

- 大纲视图含有"大纲"窗格、幻灯片编辑区和备注栏。在"大纲"窗格中显示演示文稿的文本内容和组织结构，不显示图形、图像、图表等对象。在大纲视图下编辑演示文稿，可以调整各幻灯片的前后顺序；在一张幻灯片内可以调整标题的层次级别和前后次序；可以将某张幻灯片的文本复制或移动到其他幻灯片中。

- 幻灯片浏览视图是一种观察文稿中所有幻灯片的视图。在幻灯片浏览视图中，按缩小后的形态显示文稿中的所有幻灯片，每个幻灯片下方显示有该幻灯片的演示特征（如定时、切入等）图标。在该视图中，用户可以检查文稿在总体设计上的前后协调性，重新排列幻灯片顺序，设置幻灯片切换和动画效果，设置（排练）幻灯片放映时间等。但要注意的是，在该视图中不能对每张幻灯片中的内容进行操作。

- 备注页视图是专为幻灯片制作者准备的，使用备注页，可以对当前幻灯片内容进行详尽的说明。

- 阅读视图用于播放幻灯片，即按照预定的方式一幅幅动态地显示演示文稿中的幻灯片，直到演示文稿结束。通过此视图可以预览演示文稿的工作状况，体验动画与声音效果，观察幻灯片的切换效果，还可以配合讲解为观众带来直观生动的演示效果。

（2）幻灯片的操作

在 PowerPoint 2016 中，幻灯片可以作为操作对象，关于幻灯片的操作包括选定幻灯片、新建幻灯片、复制或移动幻灯片、删除幻灯片等。

（3）节

通过节，用户可将整个演示文稿划分成若干个小节来管理。节功能类似于文件夹功能，节由多张连续的幻灯片组成，可以帮助用户合理地规划文稿结构；同时，编辑和维护可以把节作为操作对象，能大大节省时间。

新增节的操作步骤如下。

- 打开需要分节的演示文稿，在普通视图的"幻灯片"窗格中，选择需要插入节的幻灯片，或者在两张幻灯片之间的位置插入节。
- 单击"开始">"幻灯片">"节"按钮，打开下拉菜单，选择"新增节"命令，如图 5-9 所示，即可在该幻灯片前插入一个节。

图 5-9

插入节后，就可以对节进行操作了，操作包括重命名、删除、移动、折叠或者展开节等。

任务考评

【创建"个人职业规划"演示文稿】考评记录

学生姓名		班级		任务评分	
实训地点		学号		完成日期	
任务实现步骤	序号	考核内容		标准分	评分
	基本操作 5分	新建演示文稿、保存至要求的位置，并命名		5	
	新建幻灯片 35分	标题幻灯片（版式为标题幻灯片）1张，输入内容		15	
		内容幻灯片（共5张），输入内容		10	
		结束幻灯片（版式为仅标题），输入内容		10	
	幻灯片操作 20分	视图切换		5	
		选择幻灯片		5	
		幻灯片的操作		10	
	演示文稿的保存 20分	将文件保存为名为"个人职业规划"的演示文稿		5	
		保存为 PDF		5	
		导出为讲义		5	
		打包演示文稿		5	
	职业素养 20分	实训管理：纪律、清洁、安全、整理、节约等		5	
		团队精神：沟通、协作、互助、自主、积极等		5	
		工单填写：清晰、完整、准确、规范、工整等		5	
		学习反思：技能点表达、反思内容等		5	
教师评语					

【任务 2】 美化 "个人职业规划" 演示文稿

任务描述

任务 1 "创建'个人职业规划'演示文稿" 只是完成了一个白底黑字的初稿，界面比较单调，为了让它变得美观，需要对演示文稿进行美化和修饰。

任务分解

分析上面的工作情境得知，我们需要完成下列任务。

- 幻灯片设计及布局。
- 幻灯片美化及排版。
- 插入对象并编辑。

分析上面的工作情境得知，我们需要掌握以下知识。

对演示文稿进行美化之前，首先需要根据任务需求对幻灯片中的文本进行提炼组织。在设计幻灯片时，不要把所有内容都写在幻灯片上，只需要选择其中的重点内容，因为一张幻灯片的空间有限，不但要有文字和图片，适当的留白也是十分必要的。

其次，需要根据幻灯片的内容，准备合适的对象素材，如在 "自我评价" 中介绍自己时，可以在幻灯片适当位置插入一幅人物图片素材；在幻灯片中展示项目要点时，可以设计一个 SmartArt 图形等。通过图文混排，可以使演示文稿更加丰富多彩。

总而言之，在设计幻灯片时，要满足以下要求。

- 完整：幻灯片对象尽可能考虑周全，后面排版、布局要使用的对象尽量前期准备好，尽量避免需要用到的内容没有录入的情况发生。
- 精练、恰当：文本提炼时应尽量精练、恰当。精练就是重点突出；恰当就是页面上的文本描述要恰当，能反映你的中心思想或观点。
- 规范：规范幻灯片排版和布局，可以让幻灯片的设计和制作更加规范、高效。

任务目标

- 幻灯片设计及布局：幻灯片主题、模板、母版。
- 对象的插入：文本框、艺术字、形状、SmartArt 图形、图片、表格、音频、视频。
- 对象的操作及美化：如对象的排版、编辑、填充、样式、排列、大小等。
- 幻灯片放映操作：如幻灯片的播放、停止、翻页等。

示例演示

要完成 "美化'个人职业规划'演示文稿" 任务，在具体操作前，需要对文本内容进行提炼和组织，做到逻辑清晰、条理分明，并针对这些内容设计和准备合适的图片、图形等素材。

在具体美化过程中，可以按下列步骤完成。

- 整体设计和布局：根据要求，对幻灯片进行设计和布局，注意幻灯片整体应风格简明、格式统一、搭配协调。
- 排版和美化幻灯片：按要求对各种类型的幻灯片进行排版和美化，注意内容不在多而在精，色彩不在多而在和谐，文字要少、公式要少、字体要大。
- 插入和编辑对象：根据需求插入对象，并根据整体风格对对象进行编辑和修饰。

完成后的效果如图 5-10 所示。

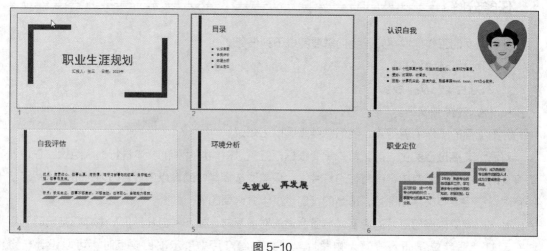

图 5-10

任务实现

完成"美化'个人职业规划'演示文稿"任务，掌握每个步骤对应的知识技能。

步骤 1：打开演示文稿

打开前面的"个人职业规划"演示文稿：在计算机的"此电脑"窗口找到"个人职业规划"演示文稿文件并双击，即可打开该演示文档。

步骤 2：应用主题样式

在 PowerPoint 2016 中主题是一组预定义的颜色、字体和视觉效果，可应用于幻灯片以实现统一专业的外观。使用主题，用户可以轻松赋予演示文稿和谐的外观。

应用主题样式：在创建好演示文稿的初稿后，选择"设计"＞"主题"组，可看到主题列表。单击"其他"按钮，会显示所有的可用主题，如图 5-11 所示。单击某幻灯片主题，该主题会应用于本演示文稿的所有幻灯片。

应用了一种主题样式后，如果用户觉得所套用样式中的颜色不是自己喜欢的，则可以更改主题颜色。主题颜色是指文件中使用的颜色集合，更改主题颜色对演示文稿的效果最为显著。用户可以选择"设计"＞"变体"＞"其他"＞"颜色"下拉列表中预设的主题颜色，也可以自定义主题颜色来快速更改演示文稿的主题颜色，如图 5-12 所示。

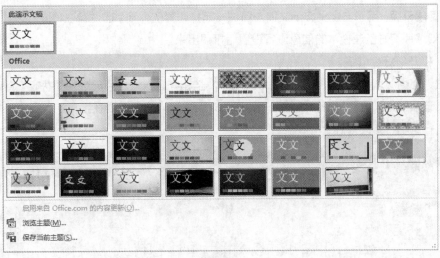

图 5-11

图 5-12

步骤 3：应用母版

在 PowerPoint 2016 中，母版是指用于定义演示文稿中所有幻灯片共同属性的底版，通常用来统一整个演示文稿的格式。每个演示文稿的每个关键组件（如幻灯片、备注和讲义）都有一个母版，主要包括 3 种母版，具体讲解如下。

- 幻灯片母版：用于控制整个演示文稿的外观，包括颜色、字体、背景、效果和其他所有内容。一旦修改了幻灯片母版，则所有采用这一母版建立的幻灯片格式也随之改变。
- 讲义母版：为方便演讲者在演示演示文稿时使用的纸稿，用户可以自定义打印演示文稿时讲义的外观，主要包括设置每页纸上显示的幻灯片数量、排列方式以及各种占位符信息等。

- 备注母版：用于自定义演示文稿与备注一起打印时的外观，通过备注母版的设置，可以将幻灯片下方备注栏中的信息进行设置后打印出来。

（1）打开幻灯片母版

单击"视图">"母版视图">"幻灯片母版"按钮，进入幻灯片母版视图状态。此时"幻灯片母版"选项卡也被自动打开，如图 5-13 所示。用户可以根据需要在相应的母版中添加对象，并对其进行编辑，修改幻灯片母版。

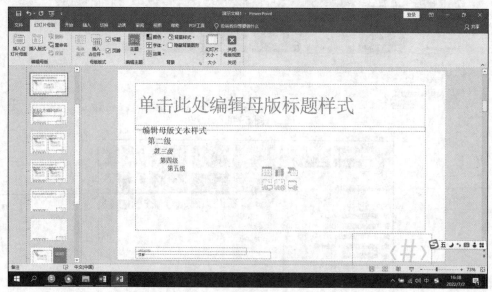

图 5-13

（2）关闭幻灯片母版

在幻灯片母版中编辑、修改完成后，单击"幻灯片母版">"关闭">"关闭母版视图"按钮，退出幻灯片母版视图。

步骤 4：修饰幻灯片

通过主题、母版对幻灯片的整体进行修饰后，还需要对每张幻灯片进行精修。

（1）文本修饰

选中需要修饰的文本内容，使用"开始"选项卡的"字体"组中的命令按钮为文本添加样式、颜色和视觉效果，还可以通过高级字体和字符选项来自定义文本的外观。

（2）艺术字

艺术字是一种通过特殊效果使文字突出显示的快捷方法。单击"插入">"文本">"艺术字"按钮，选择合适的艺术字样式，如图 5-14 所示。然后页面中就会出现一个文本框，在此文本框内输入要设置的艺术字即可。

如果已经存在文本框，要对文本框内的文本设置艺术字，可选中文本框，在"绘图工具">"格式">"艺术字样式"组中设置艺术字样式、文本效果、文本填充和文本轮廓，如图 5-15所示。

（3）插入图片

在幻灯片中插入图片可以达到图文混排的效果。单击"插入">"图像"组中的按钮，如图 5-16 所示，完成图片的插入。

图 5-14

图 5-15

图 5-16

- "图片"用于从计算机或连接的其他计算机中查找和插入图片，若要一次插入多张图片，需要在按住【Ctrl】键的同时选择想要插入的所有图片。
- "联机图片"用于从各种联机网络来源中查找和插入图片。
- "屏幕截图"用于快速地向文档添加桌面上任何已打开的窗口快照。
- "相册"用于为照片集创建漂亮的演示文稿。

插入后的图片，可以根据需要在"格式"选项卡中对其进行编辑，如添加、缩放、移动、复制、删除、裁剪，调整亮度、对比度，设置填充颜色、填充效果、边框颜色、阴影和三维效果等。

（4）插入形状

在幻灯片中可插入或绘制一些规则或不规则的形状，并且还可对绘制的形状进行编辑，美化幻灯片。

绘制形状：在"插入">"插图">"形状"下拉列表框中，单击所需形状，接着单击工作区中的任意位置，然后按住鼠标左键拖动鼠标以放置形状。若要创建规范的正方形、圆形，或限制其他形状的尺寸，需要在按住鼠标左键拖动鼠标的同时按住【Shift】键。

更改形状：若要更改已绘制的形状，选中形状，利用"绘图工具">"格式">"插入形状"组中的命令按钮，将其转换为任意多边形，或编辑环绕点以确定文字环绕绘图的方式。如要设置形状样式，形状绘制和编辑完成后，选择图形，利用"绘图工具">"格式">"形状样式"组中的命令按钮对形状的外观进行调整，如图 5-17 所示。

图 5-17

为形状添加文本：右击形状，在弹出的快捷菜单中，选择"编辑文字"命令，或直接开始输入文字内容。注意：添加的文字将成为形状的一部分，当旋转或翻转形状时，文字也会随之旋转或翻转。

在形状中插入图片：选择形状，单击"绘图工具"＞"格式"＞"形状样式"＞"形状填充"按钮，进行图片填充操作，效果如图 5-18 所示。

（5）SmartArt 图形

SmartArt 图形是信息和观点的视觉表示形式。可以选择多种不同布局来创建 SmartArt 图形，从而快速、轻松、有效地传达信息。

绘制 SmartArt 图形，单击"插入"＞"插图"＞"SmartArt"按钮，在弹出的"选择 SmartArt 图形"对话框中选择所需的图形，如图 5-19 所示。

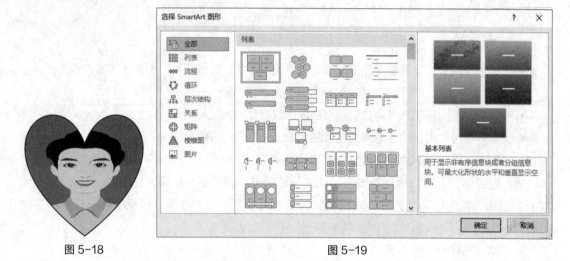

图 5-18　　　　　　　　　　　　　　　　　图 5-19

SmartArt 图形中有部分图形提供了空白图片，以便使用时用户可随时添加所需要的图片。具体操作为单击空白图片，弹出图 5-20 所示的"插入图片"对话框，根据需要，选择合适的选项以便选择所需的图片。

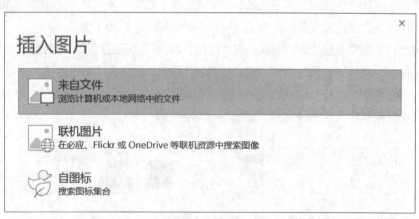

图 5-20

选中 SmartArt 图形，自动打开"SmartArt 工具"的"设计"和"格式"选项卡，"设计"选项卡对应的功能区包括更改 SmartArt 图形的版式、样式或者 SmartArt 图形中使用的颜色等操作，"格式"选项卡对应的功能区包括设置形状样式、艺术字样式、排列位置和形状大小等操作。

（6）设置幻灯片的背景

幻灯片的背景可以是一种颜色，也可以是多种颜色，还可以是图片。设置幻灯片背景是快速改变幻灯片效果的方法之一。设置幻灯片背景的步骤如下。

- 选择标题幻灯片，在幻灯片的空白处右击，在弹出的快捷菜单中选择"设置背景格式"命令。打开"设置背景格式"窗格，如图 5-21 所示。
- 在"设置背景格式"窗格的"填充"区，选择合适的选项进行设置。
- 完成设置后，单击"应用到全部"按钮，可将该背景应用到演示文稿的所有幻灯片中，否则只对选定的幻灯片有效。

图 5-21

步骤 5：添加音频和视频

在幻灯片中可以添加声音和视频，以达到强调或实现特殊效果的目的，使演示文稿的内容更加丰富多彩。

（1）插入和编辑音频

单击"插入"＞"媒体"＞"音频"下拉按钮，可以从计算机或各种联机来源中插入音频，也可以使用麦克风录制音频。对于已经添加的音频，可以选择"音频工具"＞"播放"选项卡，对其进行编辑、音频选项设置等操作。

（2）插入和编辑视频

单击"插入">"媒体">"视频"下拉按钮，可以从本地计算机或各种联机来源中插入视频。对于已经添加的视频，可以选择"视频工具">"播放"选项卡，对其进行编辑、视频选项设置等操作。

步骤 6：幻灯片的放映

演示文稿制作完成后，必须先进行播放，才能观察演示文稿的效果。幻灯片的播放有两种方法。

从头开始播放：单击"幻灯片放映">"开始放映幻灯片">"从头开始"按钮或者按【F5】键，无论当前幻灯片在哪里，均从第 1 张幻灯片开始播放。

从当前幻灯片开始播放：单击"幻灯片放映">"开始放映幻灯片">"从当前幻灯片开始"按钮或者按组合键【Shift + F5】，跳转到当前幻灯片开始放映。

能力拓展

演示文稿排版完成后，还需要通过一些高级设置对幻灯片进行进一步编辑和美化，掌握如下拓展操作。

当放映幻灯片时，可以使用数字笔在屏幕上进行绘制，以强调某个点。

使用或者关闭数字笔的操作方法为，幻灯片放映时，右击幻灯片，在快捷菜单中选择"指针选项"命令，然后根据需要选择所需的笔类型，如图 5-22 所示，再次单击设置的笔可取消使用笔。隐藏鼠标指针放映幻灯片：在快捷菜单中选择"箭头选项"命令，根据需要选择打开 / 隐藏鼠标指针。

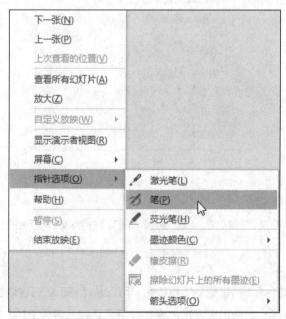

图 5-22

默认情况下，笔的颜色为红色，但有多种可用颜色。若要更改笔的颜色，在弹出的快捷菜单中，选择"墨迹颜色"命令，然后选择所需的颜色。

任务考评

【美化"个人职业规划"演示文稿】考评记录

学生姓名			班级		任务评分	
实训地点			学号		完成日期	

	序号	考核内容	标准分	评分
任务实现步骤	基本操作 5 分	找到、打开前一个任务保存的演示文稿	5	
	基本修饰操作 50 分	应用主题样式	10	
		创建幻灯片母版	10	
		修饰标题幻灯片	5	
		修饰内容幻灯片	5	
		插入图片	5	
		设置幻灯片背景	10	
		修饰其他幻灯片	5	
	插入对象 15 分	插入声音	5	
		插入艺术字	5	
		插入视频	5	
	幻灯片放映 10 分	数字笔的使用	5	
		幻灯片的放映	5	
	职业素养 20 分	实训管理：纪律、清洁、安全、整理、节约等	5	
		团队精神：沟通、协作、互助、自主、积极等	5	
		工单填写：清晰、完整、准确、规范、工整等	5	
		学习反思：技能点表达、反思内容等	5	
教师评语				

183

【任务 3】 让"个人职业规划"演示文稿"动"起来

任务描述

完成"美化'个人职业规划'演示文稿"任务后，虽然演示文稿已经图文并茂，但略显呆板。如果能为演示文稿中的对象加入动画效果或加入幻灯片切换效果，幻灯片的放映效果就会更加生动精彩，不仅可以增加演示文稿的趣味性，还可以吸引观众的眼球。

任务分解

分析前面的工作情境得知，我们需要完成下列任务。

- 动画设计：为每张幻灯片的对象添加动画。
- 切换：为幻灯片的切换添加动画效果。
- 动作设置：对幻灯片的动作进行设置。

分析前面的工作情境得知，我们需要掌握以下知识。

首先要明确，没有动画、完全静态的演示文稿不但给人乏味的感觉，而且失去了演示文稿本身所提供的多媒体效果。在设计动画前，应先完成静态的演示文稿制作，然后再根据需求设计动画。

其次要明确，要想制作一个好的动画必须对动画的时间轴有较深刻的了解。动画的时间轴就是在时间线上有多少事件在发生？它们因何发生？怎么进行？怎么结束？设计动画时可以根据需要将多个事件安排在时间轴上，其发生动画的方式主要包括：单击发生（单击后才发生）、连续发生（单击一次后动画自动开始播放，循序渐进直至结束）、同时发生（单击后所有动画都开始播放，齐头并进）和间隔发生（设置动画播放的间隔，动画将按预定时间播放出来）。熟练掌握上述动画的发生方式能够使设计的动画更加精准。

总而言之，在设计幻灯片动画时，要满足以下要求。

- 简洁、明了：在确保原有效果不变的前提下，用最少的动画或元素实现最好的效果，过多的动画会使画面变得散乱、缺乏重点。
- 直接、有效：在不影响动画效果的情况下，确保设计的动画便于修改、具备实用性和符合逻辑；任何不实用的动画都是空有其表。
- 完整、统一：动画的设计和切换要保持一种合适的风格，这个风格最好和演示文稿的内容、模板相匹配，不同幻灯片之间的切换方式以及其中的动画也应保持一致性和完整性。

任务目标

- 幻灯片动画的设置：添加／删除动画、效果选项、计时、高级动画设置等。
- 幻灯片切换的设置：添加切换效果、切换计时、添加切换声音、效果选项设置等。

- 动作设置和超链接：动作、动作按钮、超链接等。

示例演示

要想让"个人职业规划"演示文稿"动"起来，在具体操作前，首先需要对时间轴的基础知识有一定的了解，其次要熟悉动画的设计要求。具体的动画设置，可以按下列步骤完成。

- 设置幻灯片内部动画：按照动画设计要求，为幻灯片内部各个对象设计动画，注意动画设计时应尽量简单、有效、完整、统一。
- 设置幻灯片切换方式：按照要求设置幻灯片之间的切换效果、声音和时间，使幻灯片在放映时更加生动、活泼。
- 插入、编辑动作和超链接：根据需求为幻灯片对象插入动作和超链接，并能根据实际任务要求编辑动作和超链接。

任务实现

完成"让'个人职业规划'演示文稿'动'起来"任务，掌握每个步骤对应的知识技能。

步骤 1：动画设置

打开前面保存的演示文稿，准备进行动画设置，让幻灯片中的对象动起来。为幻灯片上的文本、图片对象加入一定的动画效果，不仅可以增加演示文稿的趣味性，还可以吸引观众的注意力。

（1）动画效果分类

PowerPoint 2016 的自定义动画效果可以分为 4 类，简单介绍如下。

- 进入动画可以使对象逐渐淡入、从边缘飞入幻灯片或者跳入视图中。
- 强调动画包括使对象缩小或放大、沿其中心旋转或更改对象颜色等效果。
- 退出动画包括使对象飞出幻灯片、从视图中消失或者从幻灯片旋出等效果。
- 动作路径动画可以使对象上下移动、左右移动或者沿着星形或圆形图案移动，用户也可以自己绘制动作路径。

（2）添加单个动画效果

一张幻灯片中有多个对象，用户可以分别为每个对象添加动画，操作步骤如下。

- 选定幻灯片上要添加动画效果的对象，然后单击"动画">"高级动画">"添加动画"按钮或单击"动画">"动画">"动画样式"下拉按钮，弹出可用动画效果的列表，如图 5-23 所示。
- 在列表中选择合适的动画效果，也可以选择"更多……效果"命令，查看整个动画库。
- 如果想要更改动画效果的方向或者更改一组对象的动画方式，可以选择"效果选项"中的命令进行设置。
- 单击"预览"按钮可以查看动画的效果。

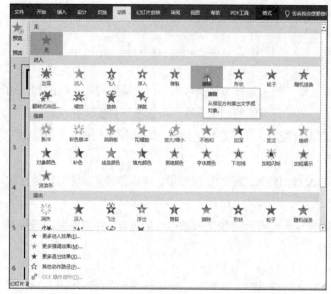
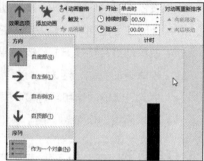

图 5-23

（3）给单个对象添加多个动画效果

有时会希望一个对象具有多个动画效果，如使图片先以"展开"动画进入，随后以"消失"动画退出。操作方法为，先给该对象设置一个动画效果，然后选中该对象，单击"动画"＞"高级动画"＞"添加动画"按钮，为其继续添加多个动画效果。

（4）设置动画计时

为对象添加动画后，需要设置动画的时间。选中该对象，选择"动画"＞"计时"组，可以灵活地设置动画的开始时间、持续时间、延迟和播放顺序等。

（5）移动多个动画的顺序

一张幻灯片有多个对象，给每个对象设置动画后，可以设置动画的顺序。操作方法为，选择"动画"＞"高级动画"＞"动画窗格"命令，打开"动画窗格"，如图 5-24 所示。选中"动画窗格"中的动画，在"计时"组中，单击"向前移动"或"向后移动"按钮。

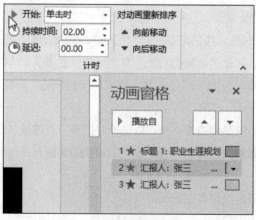

图 5-24

（6）设置动画效果

可以为每个动画设置效果。在"动画窗格"中，选择需要设置效果的动画，单击右边的下拉按钮，选择"效果选项"选项，弹出相应的对话框，通过该对话框可以设置动画的声音效果等，如图 5-25 所示。

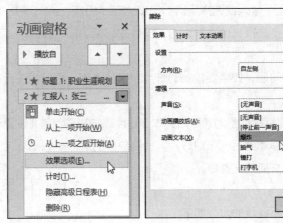

图 5-25

步骤 2：为幻灯片设置切换效果

幻灯片切换效果是指在演示文稿播放时从一张幻灯片移到下一张幻灯片时在幻灯片放映视图中出现的动画效果。用户可以控制切换效果的速度，添加声音，甚至还可以对切换效果的属性进行自定义。

（1）向幻灯片添加切换效果

为幻灯片添加切换效果的操作方法如下。

- 在普通视图中，选中要向其应用切换效果的幻灯片。
- 在"切换">"切换到此幻灯片"组中单击要应用于该幻灯片的幻灯片切换效果，如图 5-26 所示。

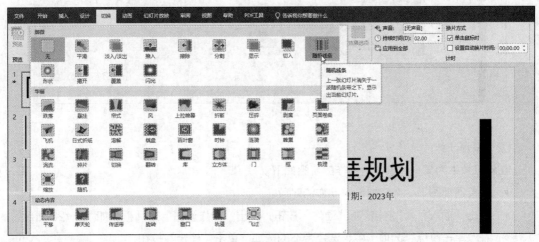

图 5-26

- 上一步选择的切换效果只对选定的幻灯片起作用。单击"切换">"计时">"应用到全部"按钮，即可对全部幻灯片起作用。

（2）设置切换效果的计时

若要设置上一张幻灯片与当前幻灯片之间的切换效果的持续时间，操作方法为在"切换">"计时"组的"持续时间"组合框中输入或选择所需的速度。在"切换">"计时"组的"声音"下拉列表中选择指定的声音，或者选择其他声音，为幻灯片的切换添加声音效果。

步骤 3：动作设置和超链接

演示文稿的放映顺序是从前向后，如果要控制幻灯片的播放顺序，则需要进行动作设置或超链接设置。

PowerPoint 2016 可以为幻灯片中的对象（如文本、图片或按钮形状等）设置动作或添加超链接，如移动到下一张幻灯片、移动到上一张幻灯片、转到放映的最后一张幻灯片，或者转到网页、其他 Microsoft Office 演示文稿或文件等。

（1）设置超链接

在幻灯片中为某个对象设置超链接的步骤如下。

- 在普通视图下，选定要设置超链接的对象。
- 单击"插入">"链接">"链接"按钮，弹出"插入超链接"对话框，如图 5-27 所示。
- 在左侧"链接到："列表框中选择合适的选项，此处选择"本文档中的位置"选项，在右侧"请选择文档中的位置"列表框中，选择合适的选项，单击"确定"按钮。

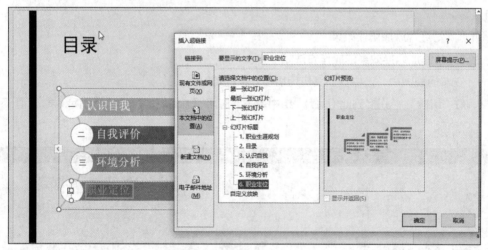

图 5-27

（2）设置动作

在幻灯片中为某个对象设置动作的步骤如下。

- 在普通视图下，选定要设置动作的对象。
- 单击"插入">"链接">"动作"按钮，弹出"操作设置"对话框，如图 5-28 所示。
- 在"单击鼠标"选项卡中，选择合适的选项，单击"确定"按钮。

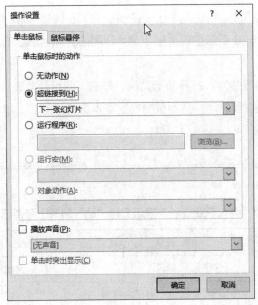

图 5-28

在幻灯片中，通常是为按钮设置动作，所以经常先插入动作按钮。操作方法为选择"插入">"插图">"形状"中的"动作按钮"，如图 5-29 所示。

图 5-29

能力拓展

演示文稿排版完成后，有时需要在其他计算机上进行放映。要想在其他没有安装 PowerPoint 2016 的计算机上也能正常播放其中的声音和视频等对象，除了将演示文稿保存为视频之外，还可以将制作好的演示文稿打包。

（1）打包演示文稿

在没有安装 PowerPoint 2016 的计算机上，演示文稿是无法直接播放的。要解决这个问题，可以将演示文稿进行打包。对演示文稿打包后，与演示文稿有关的所有文件会被集中放在一个文件夹中，同时自带播放软件。复制整个文件夹就能够保证演示文稿在其他计算机上可以播放。

打包演示文稿的方法为，打开演示文稿，单击"文件">"保存并发送">"将演示文稿打包成 CD">"打包成 CD"按钮，然后依据向导完成打包。

（2）排练计时

如果想演示文稿自动播放，可使用 PowerPoint 2016 的排练计时功能。排练演示文稿时，可以使用 PowerPoint 2016 记录呈现每张幻灯片所用的时间，然后向观众演示时使用记录的时间自动放映幻灯片。

排练计时演示文稿的方法为，打开演示文稿，单击"幻灯片放映">"排练计时"按钮，打开"录制"对话框，可以看到时间，开始录制，结束本页幻灯片后，单击进行下一项，结束后单击右上角的"关闭"按钮即可。

任务考评

【让"个人职业规划"演示文稿"动"起来】考评记录

学生姓名			班级		任务评分	
实训地点			学号		完成日期	
	序号	考核内容			标准分	评分
任务实现步骤	动画设置 40分	打开演示文稿			5	
		为某对象设置动画			5	
		为某对象设置两个动画			5	
		改变动画的顺序			5	
		设置动画效果，添加声音			5	
		为所在的幻灯片对象设置动画			15	
	切换 10分	切换方式、计时			5	
		为所有幻灯片设置切换			5	
	动作超链接 20分	添加超链接			5	
		添加动作			5	
		添加动作按钮			10	
	综合效果 10分	整体效果是否协调、是否符合使用习惯			10	
	职业素养 20分	实训管理：纪律、清洁、安全、整理、节约等			5	
		团队精神：沟通、协作、互助、自主、积极等			5	
		工单填写：清晰、完整、准确、规范、工整等			5	
		学习反思：技能点表达、反思内容等			5	
教师评语						

模块小结

本模块主要用了 3 个任务来介绍 PowerPoint 2016 的基本应用和操作，其涉及的知识几乎可以覆盖 PowerPoint 2016 的大部分知识点，包括功能区的应用、对幻灯片的基本操作和美化、主题的选用与背景设置、动画设计、放映设计和切换效果等内容。虽然每个知识点介绍得不是很深入，但已能为学习 PowerPoint 2016 打下坚实的基础。

用好 PowerPoint 2016，核心在于如何设计演示文稿的内容和展示形式，软件应用技术仅仅是辅助完成工作的工具。若想学好用好 PowerPoint 2016，还需要更多地提升自己的综合能力，用 PowerPoint 2016 真正展示自己的想法。

课后练习

一、选择题

1. 演示文稿存盘时以（　　）作为文件扩展名。

    A. txt   B. pptx   C. ppsx   D. exe

2. 在普通视图中，以大纲视图显示当前幻灯片，可以在当前幻灯片中添加文本，插入图片、表格、图表、绘图对象、文本框、电影、声音、超链接和动画等的窗格是（　　）。

    A. 备注栏   B. "大纲"窗格   C. 幻灯片编辑区   D. "放映"窗格

3. PowerPoint 2016 的视图模式包括普通视图、幻灯片浏览视图和（　　）。

    A. 大纲视图   B. 幻灯片视图   C. 备注视图   D. 幻灯片放映视图

4. PowerPoint 2016 提供了多种（　　），它包含了相应的配色方案、母版和字体样式等，可供用户快速生成风格统一的演示文稿。

    A. 版式   B. 模板   C. 母版   D. 幻灯片

5. 利用（　　）功能，用户可以根据实际情况选择现有演示文稿中相关的幻灯片组成一个新的演示文稿，即在现有演示文稿的基础上自定义一个演示文稿。

    A. 隐藏幻灯片   B. 打包   C. 设置放映方式   D. 自定义放映

6. 幻灯片的切换方式是指（　　）。

    A. 在编辑幻灯片时切换不同视图

    B. 在编辑新幻灯片时的过渡形式

    C. 在幻灯片放映时两张幻灯片之间的过渡形式

    D. 在编辑幻灯片时两个文本框之间的过渡形式

7. 在（　　）中，可同时看到演示文稿中的所有幻灯片，而且这些幻灯片以缩略图显示。

    A. 普通视图   B. 幻灯片浏览视图

    C. 大纲视图   D. 幻灯片放映视图

8. 幻灯片的（　　）是指某张幻灯片进入或退出屏幕时的特殊视觉效果，目的是使前后两张幻灯片之间的过渡自然。

    A. 切换方式   B. 视图方式   C. 动画方式   D. 自动方式

9. 幻灯片中占位符的作用是（   ）。

    A. 表示文本长度   B. 限制插入对象的数量

    C. 表示图形的大小   D. 为文本、图形预留位置

10. PowerPoint 2016 的"超级链接"命令可实现（   ）。

    A. 幻灯片之间的跳转   B. 演示文稿幻灯片的移动

    C. 中断幻灯片的放映   D. 在演示文稿中插入幻灯片

二、操作题

国庆节即将到来，请用 PowerPoint 2016 制作庆祝十一国庆节的贺卡。将制作的演示文稿以学号为文件名保存起来。要求如下。

标题：十一国庆节快乐。

文字内容：自定。

图片内容：绘制或者插入合适的图形、图片。

不少于 5 张幻灯片。

模块6
新一代信息技术

06

学习导读

新一代信息技术是目前 7 个战略性新兴产业之一，是以人工智能、移动通信、物联网、区块链、大数据等为代表的新兴技术，既是信息技术的纵向升级，也是信息技术与相关产业的横向渗透融合。新一代信息技术是当今世界创新最活跃、渗透性最强、影响力最广的领域，正在全球范围内引发新一轮的科技革命，并以前所未有的速度转化为现实生产力，引领科技、经济和社会高速发展。

学习目标

- 知识目标：理解新一代信息技术及其主要代表技术的基本概念；了解新一代信息技术的特点、典型应用；了解新一代信息技术与制造业等产业的融合发展方式。
- 能力目标：能列举出人工智能、量子信息、移动通信、物联网、区块链、大数据等新一代信息技术在日常生活和工作中的应用。
- 素质目标：提升学习新一代信息技术的意识；提高观察与实践动手的能力素质，形成规范的操作习惯、养成良好的职业行为习惯。

相关知识

6.1 人工智能技术

模块 6 新一代信息技术

　　在发展计算机技术的同时，还逐步形成了一种人工智能的新技术。它包括但不限于模仿人的大脑中枢神经系统，建立起神经网络模型来处理现实社会复杂多变的问题。它指导计算机下棋、证明定理、制定策略和做决策，用机器对文字、声音和图像进行识别，用自然语言（人的语言）直接和计算机联系，具有识别、分析和执行的能力。从人类建立起需要指导控制才能运行的计算机，到计算机拥有可以自己去学习的能力，对学术界来说是一个很大的进步，对产业界来说带来的是有形的生产力。

6.1.1　人工智能概述

1．人工智能的概念

人工智能（Artificial Intelligence，AI）的概念分为广义和狭义两种，广义的人工智能是指创造出能像人类一样思考的机器的科学；而狭义的人工智能是指怎样获得知识、怎样表示知识并使用知识的科学。

从人工智能实现的功能来定义，人工智能是指智能机器所执行的通常与人类智能有关的功能，如判断、推理、证明、识别、学习和问题求解等思维活动。这些反映了人工智能科学的基本思想和基本内容，即研究人类智能活动的规律。

2．人工智能的产生和发展

1956 年 8 月，在美国汉诺斯镇达特茅斯学院的会议上，一群科学家通过集中讨论，引出了人工智能这个概念，这一年也成了人工智能元年。1977 年在第五届国际人工智能会议上，美国斯坦福大学计算机科学家费根鲍姆教授正式提出了知识工程的概念，随后各类专家系统得以发展，大量商品化的专家系统被推向市场。但这种计算机系统的学习能力非常有限，满足不了科技和生产提出的新要求，于是继专家系统之后，机器学习便成了人工智能的又一重要领域。

人工智能是一个非常广泛的概念，包含许多内容，其中一个子集就是机器学习，而机器学习的一个子集是深度学习，如图 6-1 所示。

图 6-1

3．深度学习

深度学习是机器学习的一种，本质上都是在统计数据，并从中归纳出模型。如果将大数据比作水，计算力比作输送水的工具，那么采用水管来替代勺子更能高效地增大灌水量（提高运算速度），深度学习算法训练出来的深层模型加大了水量的装载力，极大地提高了效率，如图 6-2 所示。这样的工程方法产生之后，深度学习搭建的深度神经网络成了工业界实用的武器，并且在若干领域都带来了里程碑式的变化。如何将深度学习和人类已经积累的大量高度结构化的知识融合，发展出逻辑推理甚至有自我意识等人类的高级认知功能，是下一代深度学习的核心理论问题。

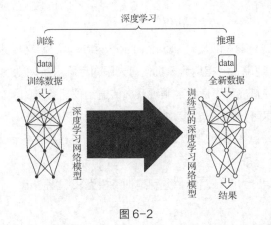

图 6-2

也有一种观点认为，人工智能不是人类智能，机器超过人脑并不需要模仿人脑。人工智能最大的作用不是模仿人类，而是把人类智力劳动中可机器化的部分机器化，机器化的优点是个体之间的教育成本极低，交流速度极快。

6.1.2 人工智能的技术本质

1. 人工智能技术一览

人工智能的架构分为 3 层，即应用层、技术层和基础层，如图 6-3 所示。基础层的算法创新发生在 20 世纪 80 年代末，大数据技术研究和计算机算力提升对人工智能的发展起到了极大的推动作用。而建立在这之上的技术层，便是计算机视觉、语音识别和自然语言理解能力，这些技术的演进使得机器能够理解人类的世界，用人类的语言和人类交流，研究人类智能活动的规律。

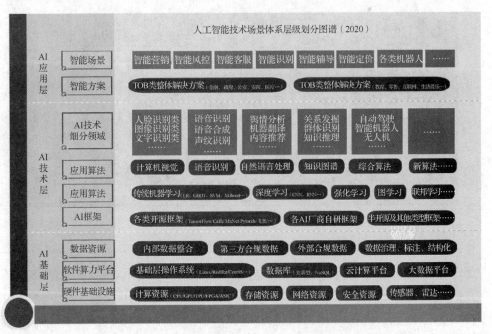

图 6-3

2. 计算机视觉

根据科普中国撰写的计算机视觉（Computer Vision）的定义：这是一门研究如何让机器"看"的科学，更进一步地说，是指用计算机代替人眼对目标进行识别、跟踪和测量的机器视觉，并进一步做图形处理，使其成为更适合人眼观察或传送给仪器检测的图像。

计算机视觉识别技术可分为 3 类：第 1 类是物体识别，包括字符识别、人体识别和物体识别；第 2 类是物体属性识别，包括形状识别和方位识别；第 3 类是物体行为识别，包括移动识别、动作识别和行为识别。

计算机视觉识别流程分为两条路线，分别是训练模型和识别图像。

（1）训练模型

样本数据包括正样本（包含待检目标的样本）和负样本（不包含待检目标的样本），视觉系统利用算法对原始样本进行特征的选择和提取，训练出分类器（模型）；此外，因为样本数据成千上万，提取出来的特征更是翻番，所以为了缩短训练的过程，一般会人为加入知识库（提前告诉计算机一些规则），或者引入限制条件来缩小搜索空间。

（2）识别图像

先对图像进行信号变换、降噪等预处理，再利用分类器对输入图像进行目标检测。一般检测过程为用一个扫描子窗口在待检测的图像中不断地移位滑动，子窗口每到一个位置就会计算出该区域的特征，然后用训练好的分类器对该特征进行筛选，判断该区域是否为目标。

计算机视觉在交通领域中的应用包括车辆分类、行车违章检测、交通流量分析、停车占用检测、自动车牌识别、车辆重新识别、行人检测、交通标志检测、防撞系统、路况监测、基础设施状况评估、驾驶员注意力检测等，如图 6-4 所示。

图 6-4

3. 语音识别

语音识别（Automatic Speech Recognition）是以语音为研究对象，通过信号处理和识别技术让机器自动识别和理解人类口述的语言后，将语音信号转换为相应的文本或命令的一门技术。

由语音识别和语音合成、自然语言理解、语义网络等技术相结合的语音交互正在逐步成为当前多通道、多媒体智能人机交互的主要方式。

语音识别流程分为训练和识别两条线路。语音信号经过前端的端点检测、降噪等预处理后，逐帧提取语音特征，传统的特征类型包括梅尔频率倒谱系数（Mel Frequence Cepstrum Coefficient，MFCC）、感知线性预测（Perceptual Linear Predictive，PLP）、基于滤波器组的特征（Filter bank，FBANK）等。提取好的特征会被送到解码器，在训练好的声学模型、语言模型之下，找到最为匹配此序列的结果作为识别结果输出，如图 6-5 所示。

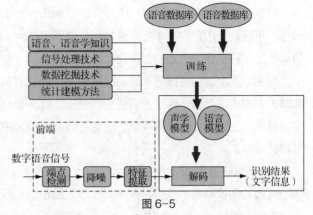

图 6-5

4. 自然语言理解

自然语言理解（Natural Language Understanding），即文本理解，它和语音图像的模式识别技术有着本质的区别。语言作为知识的载体，承载了复杂的信息量，具有高度的抽象性，对语言的理解属于认知层面，不能仅靠模式匹配的方式完成。

自然语言理解最典型的两种应用为搜索引擎和机器翻译。

搜索引擎可以在一定程度上理解人类的自然语言，从自然语言中抽取出关键内容并用于检索，最终达到搜索引擎和自然语言用户之间的良好衔接。

搜索引擎和机器翻译不分家，互联网、移动互联网为其充实了语料库，使得其发展生态发生了质的改变。互联网、移动互联网除了将原先线下的信息（原有语料）进行在线化之外，还衍生出了新型用户生成内容（User Generated Content，UGC）模式：知识分享数据，像维基百科、百度百科等都是人为校准过的词条；社交数据，像微博和微信等展现用户的个性化、主观化信息，具有时效性，可以用来做个性化推荐、情感倾向分析，以及热点舆情的检测和跟踪等；社区、论坛数据，像果壳、知乎等为搜索引擎提供了问答知识、问答资源等数据源。

6.1.3　人工智能的典型应用

人工智能已经逐渐走进我们的生活，并应用于各个领域，它不仅给许多行业带来了巨大的经济效益，也为我们的生活带来了许多改变和便利。目前，人工智能的典型应用主要有以下这些方面。

1. 人脸识别

人脸识别也称人像识别、面部识别，是基于人的脸部特征信息进行身份识别的一种生物识别技术。人脸识别涉及的技术主要包括计算机视觉、图像处理等。

人脸识别系统的研究始于 20 世纪 60 年代，之后，随着计算机技术和光学成像技术的发展，人脸识别技术水平在 20 世纪 80 年代得到不断提高。在 20 世纪 90 年代后期，人脸识别技术进入初级应用阶段。目前，人脸识别技术已广泛应用于多个领域，如金融、司法、公安、边检、航天、电力、教育、医疗等。

2. 机器翻译

机器翻译是计算语言学的一个分支，是利用计算机将一种自然语言转换为另一种自然语言的过程。机器翻译用到的技术主要是神经机器翻译技术（Neural Machine Translation，NMT），目前该技术在很多语言上的表现已经超过人类。

随着经济全球化进程的加快及互联网的迅速发展，机器翻译技术在促进政治、经济、文化交流等方面的价值凸显，也给人们的生活带来了许多便利。例如我们在阅读英文文献时，可以通过有道翻译、Google 翻译等网站快速地将英文转换为中文，免去了查字典的麻烦，提高了学习和工作的效率。

3. 声纹识别

生物特征识别技术包括很多种，除了人脸识别，目前用得比较多的是声纹识别。声纹识别是一种生物鉴权技术，也称为说话人识别，包括说话人辨认和说话人确认。声纹识别的工作过程为，系统采集说话人的声纹信息并将其录入数据库，当说话人再次说话时，系统会采集这段声纹信息并自动与数据库中已有的声纹信息对比，从而识别出说话人的身份。

相比于传统的身份识别方法（如钥匙、证件），声纹识别具有抗遗忘、可远程鉴权的特点，在现有算法优化和随机密码的技术手段下，声纹也能有效防录音、防合成，因此安全性高、响应迅速且识别精准。同时，相较于人脸识别、虹膜识别等生物特征识别技术，声纹识别技术具有可通过电话信道、网络信道等方式采集用户的声纹的特点，因此其在远程身份确认上极具优势。目前，声纹识别技术有声纹核身、声纹锁和黑名单声纹库等，可广泛应用于金融、安防、智能家居等领域，落地场景丰富。

4. 个性化推荐

个性化推荐是一种基于聚类与协同过滤技术的人工智能应用，它建立在海量数据的基础上，通过分析用户的历史行为建立推荐模型，主动给用户提供匹配他们需求与兴趣的信息，如商品推荐、新闻推荐等。

个性化推荐既可以为用户快速定位需求产品，弱化用户的被动消费意识，提升用户兴致和留存黏性，又可以帮助商家快速引流，找准与定位用户群体，做好产品营销。个性化推荐广泛存在于各类网站和 App 中，本质上，它会根据用户的浏览信息、用户基本信息和对物品或内容的偏好程度等多因素进行考量，依托推荐引擎算法进行指标分类，将与用户目标因素一致的信息内容进行聚类，再经过协同过滤算法，实现精确的个性化推荐。

5. 医学图像处理

医学图像处理是目前人工智能在医疗领域的典型应用，如在临床医学中广泛使用的核磁共振成像、超声成像等生成的医学影像。

传统的医学影像诊断主要通过观察二维切片图去发现病变体，这往往需要依靠医生的经验来判断。而利用计算机图像处理技术，可以对医学影像进行图像分割、特征提取、定量分析和对比分析等工作，进而完成病灶识别与标注，以及手术环节的三维影像重建。

该应用可以辅助医生对病变体及其他目标区域进行定性甚至定量分析，从而大大提高医疗诊断的准确性和可靠性。另外，医学图像处理也在医疗教学、手术规划、手术仿真、各类医学研究、医学影像三维重建中起到重要的辅助作用。

6. 无人驾驶

无人驾驶汽车是智能汽车的一种，也称为轮式移动机器人，主要依靠车内以计算机系统为主的智能驾驶控制器来实现无人驾驶。无人驾驶中涉及的技术包含多个方面，例如计算机视觉、自动控制技术等。

美国、英国、德国等发达国家从 20 世纪 70 年代开始就投入无人驾驶汽车的研究中，中国在 20 世纪 80 年代也开始了对无人驾驶汽车的研究。2006 年，卡内基梅隆大学研发出了无人驾驶汽车 Boss，Boss 能够按照交通规则安全地通过附近有空军基地的街道，并且会避让其他车辆和行人。近年来，伴随着人工智能浪潮的兴起，无人驾驶成为人们热议的话题，国内外许多公司都纷纷投入无人驾驶的研究中。

6.1.4　人工智能的产业发展

世界主要的制造业大国都看到了新一代信息技术对制造业的颠覆性影响，不约而同地将智能制造作为制造业转型升级的重点，纷纷出台发展人工智能的国家战略和产业政策，产业界也加快在智能制造领域的布局。

我国从国务院在《关于积极推进"互联网＋"行动的指导意见》中将人工智能推上国家战略层面，到"科技创新 2030 重点项目"中将智能制造和机器人列为重大工程之一，人工智能在中国掀起了新一轮技术创新的浪潮。这一切都预示着，人工智能正在成为产业革命的新风口，人类历史上最好的"人工智能＋"时代已经到来。

从技术层面而言，人工智能技术的发展可以分为 3 个阶段：计算智能、感知智能和认知智能。目前已经融合在各种传统产业中的人工智能应用主要集中在第 1 个阶段——计算智能阶段，少量应用已经开始尝试第 2 阶段的技术，即感知智能阶段。考虑到全面的感知智能所需的应用化技术、完善的数据、高性能芯片还有待于进一步发展，感知智能技术的应用普及还需要 5～10 年。而认知智能阶段的技术突破，数据、计算等基础资源的提升和积累是值得期待的长期发展方向。

目前较为成熟的感知智能技术（如语音、视觉识别服务、硬件产品等）的应用开发所形成的新"人工智能＋"将引领产业变革，成为推动社会飞速发展的新动力。在传统产业，人工智能可以在制造业、农业、教育、金融、交通、医疗、文体娱乐、公共管理等领域得到广泛应用，并不断引入新的业态和商业模式；在新兴产业，人工智能还可以带动工业机器人、无人驾驶汽车、VR、无人机等相关企业飞速发展。从具体应用方向来看，如今十分火热的工业 4.0、人脸识别、智能答题机器人、智能家居、智能安保、智能医疗、虚拟私人助理等领域有望得到快速发展。

6.2　移动通信技术

在过去的半个世纪中，移动通信的发展对人们的生活、生产、工作、娱乐，乃至政治、经济和文化都产生了深刻的影响。移动通信技术经历了模拟传输、数字语音传输、互联网通信、个人通信、新一代无线移动通信等发展阶段。移动通信的迅速发展使用户彻底摆脱终端设备的束缚，实现完整的个人移动性，提供了可靠的传输手段和接续方式，移动通信已演变成社会发展和进步的必不可少的工具。

6.2.1　移动通信概述

移动通信（Mobile Communication）是移动体之间的通信，或移动体与固定体之间的通信。移动体可以是人，也可以是汽车、火车、轮船等在移动状态中的物体。

移动通信是进行无线通信的现代化技术，这种技术是电子计算机与移动互联网发展的重要成果之一。移动通信技术经过第 1 代、第 2 代、第 3 代、第 4 代技术的发展，目前，已经迈入了第 5 代发展的时代（5G 移动通信技术），这也是目前改变世界的几种主要技术之一，如图 6-6 所示。现代移动通信技术主要可以分为低频、中频、高频、甚高频和特高频几个频段，在这几个频段之中，技术人员可以利用移动台技术、基站技术、移动交换技术，对移动通信网络内的终端设备进行连接，满足人们的移动通信需求。从模拟制式的移动通信系统、数字蜂窝通信系统、移动多媒体通信系统，到目前的高速移动通信系统，移动通信技术的速度不断提升，延时与误码现象减少，技术的稳定性与可靠性不断提升，为人们的生产生活提供了多种灵活的通信方式。

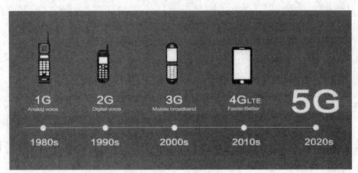

图 6-6

6.2.2　移动通信技术的发展

1. 第 1 代移动通信技术

第 1 代移动通信系统（1G）是在 20 世纪 80 年代初提出的。1G 采用的是模拟技术，其特点是业务量小、质量差、安全性差、没有加密、速度慢。1G 主要基于蜂窝结构组网，直接使用模拟语音调制技术，传输速率约 2.4kbit/s。不同国家采用不同的工作系统。

2. 第 2 代移动通信技术

第 2 代移动通信系统（2G）起源于 20 世纪 90 年代初期。欧洲电信标准化协会在 1996 年提出了 GSM Phase 2+，它采用更密集的频率复用、多路复用、多重复用技术，引入智能天线、双频段等技术，有效地克服了随着业务量剧增所引发的 GSM 系统容量不足的缺陷。尽管 2G 技术在发展中不断得到完善，但随着用户规模和网络规模的不断扩大，频率资源已接近枯竭，语音质量不能达到用户满意的标准，数据通信速率太低，无法在真正意义上满足移动多媒体业务的需求。

3. 第 3 代移动通信技术

第 3 代移动通信系统（3G）最基本的特征是智能信号处理技术，智能信号处理单元成为基本功能模块，支持语音和多媒体数据通信，它可以提供前两代产品不能提供的各种宽带信息业务，例如高速数据、慢速图像与电视图像等。但是，3G 的通信标准共有 WCDMA、CDMA2000 和 TD-SCDMA 这 3 个分支，存在兼容性问题，因此已有的移动通信系统不是真正意义上的个人通信和全球通信，再者，3G 支持的速率还不够高，这些不足使得 3G 不能适应未来移动通信发展的需要。

4. 第 4 代移动通信技术

第 4 代移动通信系统（4G）是集 3G 与 WLAN 于一体，能够传输高质量视频图像，并且图像传输质量与高清晰度电视不相上下的技术产品。4G 能够以 100Mbit/s 的速度下载文件，比拨号上网快 2 000 倍，上传的速度也能达到 20Mbit/s，并能够满足几乎所有用户对于无线服务的要求，而且计费方式更加灵活。

5. 第 5 代移动通信技术

第 5 代移动通信系统（5G）是对现有无线接入技术（包括 2G、3G、4G 和 Wi-Fi）的演进，以及一些新增的补充性无线接入技术集成后解决方案的总称。从某种程度上讲，5G 将是一个真正意义上的融合网络。以融合和统一的标准，提供人与人、人与物、物与物之间高速、安全和自由的联通。5G 网络的主要优势在于，数据传输速率远远高于以前的蜂窝网络，最高可达 10Gbit/s，比先前的 4G LTE 蜂窝网络快 100 倍，另一个优点是网络延迟（响应时间）较低，低于 1ms，而 4G 为 30～70ms。2019 年 6 月，中华人民共和国工业和信息化部正式向中国电信、中国移动、中国联通、中国广电发放 5G 商用牌照，中国正式进入 5G 商用元年。

6.2.3 移动通信的主要应用

国际电信联盟确定了 5G 未来应具有的三大使用情景，即增强型移动宽带（Enhanced Mobile Broadband，eMBB）、低时延高可靠通信（Ultra Reliable & Low Latency Communication，URLLC）和大规模（海量）机器类通信（Massive Machine Type of Communication，mMTC），前者主要关注移动通信，后两者则侧重于物联网。图 6-7 所示为 5G 三大使用情况下的应用场景。

1. 增强型移动宽带的应用场景

（1）超高清视频传输

超高清视频传输的优点在于能够对现实场景进行最细致和逼真的还原，4G 的传输速率（平均 40Mbit/s）不足以满足 4K（最低要求 18～24Mbit/s）或者 8K（超过 135Mbit/s）超高清视频的传输需求，而 5G 的传输速率可高达 1Gbit/s，理论上能够提供良好的网络承载能力。

（2）高速移动物体传输

在高速行驶的列车中（如高铁上），信号有时候会很差，这是因为还没有达到信号间的无缝衔接，而增强型移动宽带正好能有效地解决此类问题，通过提高网络传输速度，增强通信能力，最终提高用户体验。

2. 大规模机器类通信的应用场景

（1）智能家居

智能家居产品众多，而每个产品传输的数据量较小，且对时延要求不是特别高，5G 的大规模机器类通信正好满足此类型应用场景。

（2）环境监测

环境监测是低功耗、大连接的应用场景之一，通常使用传感器进行数据采集，且传感器种类多样，同时对传输时延和传输速率不敏感，能够满足超高的连接密度要求。

（3）智慧城市

智慧城市是公认的 5G 的重要应用场景之一，能够被连接的物体多种多样，包括交通设施、空气、水、电表等，需要承载超过百万的连接设备，且各连接设备传输的数据量较小。

3. 低时延高可靠通信技术的应用场景

（1）无人驾驶

无人驾驶已经应用在特定的领域。无人驾驶是自动驾驶的高级阶段，网络延迟要足够低，为了保证用户的安全，传输时延低至 1ms，且需要具有超高的可靠性。5G 的到来，有望真正地实现无人驾驶。

（2）远程医疗

若想在城市与偏远山村之间实现远程医疗，则需要在短时间内处理大量的数据，且为了防止误诊，网络的传输质量要足够高和足够可靠，网络延迟要足够低。

（3）工业自动化控制

工业自动化控制是智能制造中的基础环节，核心在于闭环控制系统，系统通信的时延要达到 ms 级才能实现精确控制，同时要保证极高的可靠性，若发生传输错误或时延过高，则会造成巨大的经济损失。

6.3 物联网技术

物联网（Internet of Things，IoT）是一个基于互联网、传统电信网等信息承载体，让所有能够被独立寻址的普通物理对象互联互通的网络。物联网技术在工业、农业、环境、交通、物流、安保等基础设施领域的应用，有效地推动了这些方面的智能化发展，使得有限的资源被更加合理地使用、分配，从而提高了行业效率、效益。物联网技术在家居、医疗健康、教育、金融、服务业与旅游业等与生活息息相关的领域的应用，使服务范围、服务方式到服务质量等方面都有了极大的改进，大大地提高了人们的生活质量。

6.3.1　物联网概述

物联网即"万物相连的互联网"，是在互联网的基础上延伸和扩展的网络，它将各种信息传感设备与网络结合起来，实现在任何时间、任何地点，人、机、物的互联互通。

物联网是新一代信息技术的重要组成部分，是物物相连的互联网。在互联网时代，连接互联网的终端无非就是计算机、智能手机；而在物联网时代，连接互联网的终端变成了一切可能的实物。它通过射频识别、红外感应器、全球定位系统、激光扫描器等信息传感设备，采集声、光、热、电、力学、化学、生物、位置等各种需要的信息，通过各类可能的网络接入，按照约定的协议，把任何物品与互联网连接，进行信息交换和通信，以实现对物品的智能化识别、定位、跟踪、监控和管理。

6.3.2　物联网的工作原理

物联网体系网络主要分为 3 个层，即感知层、网络层和应用层（数据处理和用户界面），如图 6-7 所示，具体包括传感器或设备、连接网络、数据处理和用户界面。

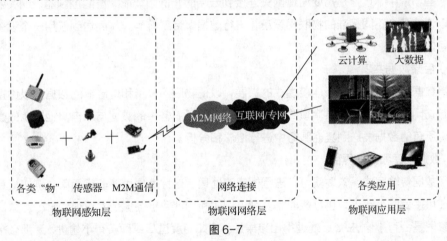

图 6-7

1．传感器或设备

传感器或设备从周围的环境中收集数据。如果是传感器的话，一般收集的是环境的数据，例如温度、湿度、运动等。几个传感器绑在一起可以形成一个硬件设备，还可以做更多的事情，例如 GPS 定位、测加速度等。不管是单个传感器还是完整的硬件产品，都是用于从周围的环境中收集数据。

2．连接网络

连接网络是物联网最重要的一步，它将实现传感器或设备与互联网的连接，包括如下 4 种方式。

（1）设备与设备相连

物联网设备之间的互联和通信是通过网络来实现的，由于设备之间的通信一般是以相对低的速率在设备之间传送信息量较小的数据包，因此这个网络一般是通过蓝牙 4.0（ BLE ）、Z-Wave、

ZigBee 等通信协议来实现连接的。在这种情况下，安全问题几乎可以忽略，因为基本上这种短距离无线电连接都是一对一的。

设备间的连接在可穿戴设备中非常流行，例如与智能手表配对的心脏监视器。由于这些连接的功耗非常低，一个电池基本可以维持数月或好几年，因此便携式或可穿戴设备通常使用这种连接方式来减小设备的尺寸和降低成本。

（2）设备与云相连

设备与云的通信一般是设备的数据要传输到应用服务提供商的云端，帮助服务商利用数据开展业务，通常使用的连接方式是传统的以太网或 Wi-Fi 连接，也可以使用蜂窝数据连接。设备与云连接的应用场景通常是你要监控一个东西，但又不能时刻监视，便使用设备持续地收集数据并将数据传输到云中存储，等你需要时可以随时调取，例如监控摄像头。

这种情况下的安全问题就会更复杂，因为这涉及两种不同类型的证书：网络访问证书（例如手机的 SIM 卡）和云端访问证书。

（3）设备与网关相连

在一些场景中，设备是需要通过网关连接到云端的，例如智能家居的控制器。网关的主要作用是可以连接多个不同标准的物联网设备，进行数据聚合或转码，从而达到使用一个设备来管理多个设备的目的。

（4）后端数据共享

后端数据共享是设备与云连接模式的扩展，以便物联网设备和传感器的数据可以由授权的第3方进行访问。在后端数据共享模式下，用户可以将云服务中的数据与来自其他来源的数据相结合，并将所有的数据发送到其他服务中进行汇总和分析。

3. 数据处理和用户界面

一旦数据传输完成，软件就可以进行相应的处理。这种处理可能非常简单，例如检查温度读数是否在可接受的范围内；也可能非常复杂，例如利用计算机图像技术对视频进行对象识别（例如检测家里是否有小偷进入）。处理得出结果后，例如温度过高或确实有小偷进入，那么接下来怎么办？这就涉及用户界面了。

在得出结果后，向用户传输结果的方式有很多种，例如文字方式（电子邮件、短信通知等）、主动查询（例如用户可以主动登录系统查询结果）等。当然用户也可以主动对物联网设备进行远程操作，例如用户通过手机的应用程序远程调节家中空调的温度。一些物联网设备可以实现自动操作，而不需要人的干预，这时候用户界面就变成了对一些阈值的设定、监控，以及设定警报的触发条件等。

6.3.3 物联网的典型应用

1. 智慧物流

智慧物流是新技术应用于物流行业的统称，指的是以物联网、大数据、人工智能等信息技术为支撑，在物流的运输、仓储、包装、装卸、配送等各个环节实现系统感知、全面分析及处理等功能。智慧物流的实现能大大降低各行业运输的成本，提高运输效率，提升整个物流行业的智能化和自动化水平。

2．智能交通

智能交通是物联网所有应用场景中最有前景的应用之一。将先进的信息技术、数据传输技术以及计算机处理技术等集成到交通运输管理体系中，使人、车和路能够紧密配合，改善交通运输环境、保障交通安全以及提高资源利用率。行业内应用较多的前五大场景包括智能公交车、共享单车、汽车联网、智慧停车和智能红绿灯等。

3．智能安防

传统安防对人员的依赖性比较大，非常耗费人力，而智能安防能够通过设备实现智能判断。智能安防系统的作用是对拍摄的图像进行传输与存储，并对其进行分析与处理。一个完整的智能安防系统主要包括三大部分，即门禁、报警和视频监控。智能安防在行业中以视频监控为主，可应用于家居、交通、医疗、物流、制造和零售等领域。

4．智慧能源

智慧能源属于智慧城市的一个部分。当前，物联网技术在能源领域，主要用于对水、电、燃气等表的计算，以及根据外界天气对路灯的远程控制等。物联网技术基于环境和设备进行物体感知，通过监测，提升利用效率，减少能源损耗。

5．智能医疗

智能医疗能有效地帮助医院实现对人的智能化管理和对物的智能化管理。对人的智能化管理指的是通过传感器对人的生理状态（如心跳频率、体力消耗、血压高低等）进行捕捉，将它们记录到电子健康文件中，方便个人或医生查阅。对物的智能化管理指的是通过射频识别（Radio Frequency IDentification，RFID）技术对医疗物品进行监控与管理，实现医疗设备、用品可视化。当前物联网在医疗行业主要的两个应用场景分别是医疗可穿戴和数字化医院。

6．智慧建筑

智慧建筑越来越受到人们的关注，是集感知、传输、记忆、判断和决策于一体的综合智能化解决方案。当前的智慧建筑主要体现在用电照明、消防监测以及楼宇控制等，对设备进行感知并远程监控，不仅能够节约能源，同时也能减少运维人员。而对于古建筑，也可以进行白蚁（以木材为生的一种昆虫）监测，进而达到保护古建筑的目的。

7．智能制造

智能制造主要体现在数字化以及智能化的工厂改造上，包括工厂的设备监控和环境监控。通过在设备上加装物联网装备，设备厂商可以远程随时随地对设备进行监控、升级和维护等操作，更好地了解产品的使用状况，完成产品全生命周期的信息收集，指导产品的设计和售后服务；而厂房的环境监控指标主要包括气温、湿度、烟感等。数字化工厂的核心特点是：产品的智能化、生产的自动化、信息流和物资流合一。

8．智能家居

智能家居使用各种技术和设备来提高人们的生活质量，使家庭变得更舒适、安全。物联网应用于家居领域，能够对家居类产品的位置、状态、变化进行监测，分析其变化特征，同时根据人的需要，在一定程度上进行反馈。智能家居行业发展主要分为 3 个阶段，即单品连接、物物联动和平台集成。

9. 智能零售

智能零售分为 3 种不同的形式，包括远场零售、中场零售、近场零售，三者分别以电商和商场、超市和便利店、自动售货机为代表。物联网技术可以用于近场和中场零售，且主要应用于近场零售，即无人便利店和自动（无人）售货机。智能零售通过将传统的售货机和便利店进行数字化升级、改造，打造无人零售模式；通过数据分析，并充分运用门店内的客流数据和活动，为用户提供更好的服务，为商家提供更高的经营效率。

10. 智慧农业

智慧农业指的是将物联网、人工智能、大数据等现代信息技术与农业进行深度融合，实现农业生产全过程的信息感知、精准管理和智能控制的一种全新的农业生产方式，可实现农业可视化诊断、远程控制以及灾害预警等功能。农业分为农业种植和畜牧养殖两个方面。农业种植分为设施种植（温室大棚）和大田种植，主要包括播种、施肥、灌溉、除草和病虫害防治等 5 个部分，用传感器、摄像头和卫星等收集数据，实现数字化和智能机械化发展。当前，数字化的实现多靠数据服务平台来呈现，智能机械化以农机自动驾驶为代表。畜牧养殖主要是将新技术、新理念应用在生产中，包括繁育、饲养以及疾病防疫等。

6.3.4　物联网的产业发展

物联网是新一代信息技术的高度集成和综合运用，对新一轮产业变革和经济社会的绿色、智能、可持续发展具有重要意义。近几年来，物联网与产业应用融合加快，已由碎片化应用、闭环式发展进入跨界融合、集成创新和规模化发展的新阶段，与中国新型工业化、城镇化、信息化、农业现代化建设深度交汇，在传统产业转型升级、新型城镇化和智慧城市建设、人民生活质量不断改善方面发挥了重要作用，取得了明显的成果。

从产业链来看，中国已形成包括芯片、元器件、设备、软件、系统集成、运营、应用服务在内的较为完整的物联网产业链，各关键环节的发展也取得重大进展。M2M 服务、中高频 RFID、二维码等环节产业链已成熟，国内市场份额不断扩大，具备一定领先优势；基础芯片设计、高端传感器制造、智能信息处理等相对薄弱的环节与国外差距不断缩小，尤其是在高温传感器和光纤光栅传感器方面取得重大突破；物联网第三方运营平台不断整合各种要素形成有序发展局面，平台化、服务化的发展模式逐渐明朗，成为中国物联网产业发展的一大亮点。

6.4　区块链技术

区块链（Blockchain）在 2008 年第一次被提出，十几年间，区块链已经独立成为新的技术领域。区块链发展成一种通用分布式技术，它用块链式数据结构来验证与存储数据，用分布式节点共识算法来生成和更新数据，用密码学的方式保证数据传输和访问的安全，用由自动化脚本代码组成的智能合约来编程和操作数据，形成了一种全新的分布式基础架构与计算方式。

6.4.1　区块链概述

区块链是一种由多方共同维护，使用密码学保证传输和访问安全，能够实现数据一致存储、难以篡改、防止抵赖的记账技术，也称为分布式账本技术（Distributed Ledger Technology），其特点是保密性强、难以篡改和去中心化。

区块链的大体运行机制为当网络中的任意两点进行数据交换时，该数据都会对应一个发送者和接收者，而当一个节点的数据交换积累到一定大小或条目数量之后，区块链就会自动将其打包，形成一个"块"（Block），并附上一串具有"时间戳"作用的计算机密码。发送者和接收者具有匿名性（通常也由一串代码表示），也只有交易双方能够立刻知道彼此之间发生的交易，从而使区块链具有保密性强的特性。由于解开"时间戳"密码需要进行大量而复杂的计算机运算，因此当最终网络中有一台计算机解开该密码时，其所付出的工作量是不可伪造的，从而使区块链具有难以篡改的特性。再加上每个区块的"时间戳"包含紧邻上一个区块的信息（术语为"哈希值"），因此整个网络中的块将按照顺序自动排列，形成最长的唯一链条，称为"链"（Chain）。网络中所有节点都会寻找最长的链并与之同步，在这一过程中，网络中的所有节点都会同步到该链，也就是说网络中所有的节点具有平等的权限，整个过程不需要任何中央节点或中心数据库的运算处理，通过云计算分布式完成，杜绝了任何中心节点监控、封锁某一节点的可能，从而使区块链具有去中心化的特性。

6.4.2　区块链技术的分类

随着技术与应用的不断发展，区块链由最初狭义的"去中心化分布式验证网络"，衍生出了 3 种特性不同的类型，按照实现方式不同，可以分为公有链、联盟链和私有链。

1. 公有链

公有链即公共区块链，是所有人都可平等参与的区块链，接近于区块链原始设计样本，是"去中心化"的区块链。

2. 联盟链

联盟链即联盟区块链，是由数量有限的公司或组织机构组成的联盟内部可以访问的区块链，联盟内部仍旧采用中心化的形式，而联盟成员之间则以区块链的形式实现数据共验共享，是"部分去中心化"的区块链。

3. 私有链

私有链即私有区块链，是指写入权限仅在一个组织手里的区块链，其链上所有成员都需要将数据提交给一个中心机构或中央服务器来处理，自身只有交易的发起权而没有验证权，是"中心化"的区块链。

6.5　大数据技术

随着物联网、云计算、移动互联网等技术的成熟，以及智能移动终端的普及，全社会的数据量呈指数型增长，全球已经进入以数据为核心的大数据时代。大数据并不是一个新的概念，信息技术发展的每一个阶段都会遇到数据处理的问题，人类需要不停地面对来自数据的挑战。当数据累积到一定程度时，就会呈现出一种规律和秩序。大数据的价值就在于数据分析，利用大数据技术，从海量数据中总结经验、发现规律、预测趋势，最终为辅助决策服务。越来越多的研究者对大数据的认识从技术概念延伸到了信息资产与思维变革等多个维度，一些国家、社会组织、企业开始将大数据上升为重要战略。学术界及企业界纷纷开始将大数据研究由学术领域向应用领域扩展，大数据技术开始向商业、科技、医疗、政府、教育、经济、交通、物流及社会的各个领域渗透。

6.5.1　大数据概述

大数据（Big Data）是指无法在一定时间范围内用常规软件工具进行捕捉、管理和处理的数据集合，是具有海量、高增长率和多样化等弱点的信息资产。大数据技术是指从各种各样类型的数据中，快速获得有价值的信息的能力。大数据由巨型数据集组成，这些数据集大小常常超出人类在可接受时间内收集、管理和处理的数据量。

我国把大数据作为基础性战略资源，全面实施促进大数据发展的行动，加快推动数据资源共享开放和开发应用，助力产业转型升级和社会治理创新。大数据在社会经济中得到广泛应用，如图 6-8 所示。

交通大数据　气象大数据
智能交通　天气预报

金融大数据

股票

商业大数据

6.5.2　大数据的特点

1. 体量巨大

体量巨大指的是大数据包含的数据数量非常多，占用的存储空间较大。以平时接触较多的手机流量来说，常见统计单位为 KB、MB 和 GB 等。这些统计单位之间的关系为 1GB=1024MB、1MB=1024KB。就目前的技术而言，要成为大数据，存储至少达到 TB 级别，而 1TB=1024GB。但要注意，如果只是体量巨大，而结构单一，也不能称为大数据。

生物医学大数据

智慧医疗和
个性化医疗

图 6-8

2. 处理速度快

实际生活中，数据量可能会随着时间的积累而不断增长，也可能随着空间的变化而不断变化。数据都具有一定的时效性，如果采集到的数据不能得到及时处理，最终会过期作废，失去应用的价值。对于海量的数据，如果能在有效时间内完成处理，则可以称为大数据；反之，则不能称为大数据。

3. 数据类型多样

作为大数据，其包含的数据类型可能是多种多样的，并不仅仅局限于一种数据类型。目前，文字、图片、语音、图像等，一切在网络上可以传输和显示的信息，都属于大数据的范畴。从结构上来说，当前的大数据主要指半结构化和非结构化的信息，如网站的各种日志文件、发布的音频与视频文件等。

4. 潜在价值高

数据应用的最终目的是通过挖掘和分析，发现趋势或规律，进而指导实际工作。如果数据本身是毫无规律的，不能对实际工作进行指导，则不能称为大数据。尽管大数据的潜在价值高，但由于数据量巨大，所以价值密度低，要通过大量分析才能实现从数据到价值的转变。

6.5.3 大数据应用的典型案例

1. 啤酒与尿布

20 世纪 90 年代，全球零售业巨头沃尔玛在对消费者购物行为进行分析时发现，男性顾客在购买婴儿尿片时，常常会顺便搭配几瓶啤酒来犒劳自己，于是沃尔玛尝试推出了将啤酒和尿布摆在一起的促销手段。没想到这个举措居然使尿布和啤酒的销量都大幅增加了，取得了较好的经济效益。如今，"啤酒＋尿布"的例子早已成了大数据技术应用的经典案例，被人们津津乐道。

2. Google 公司成功预测冬季流感

2009 年，Google 公司通过分析 5000 万条美国人最频繁检索的词汇，将之和美国疾病中心在2003 年到 2008 年间季节性流感传播时期的数据进行比较，并建立了一个特定的数学模型。通过该模型，Google 公司最终成功预测了 2009 年冬季流感的传播，甚至可以具体到特定的地区和州。

3. 乔布斯癌症治疗

乔布斯是苹果手机的创始人，也是世界上第一个对自身所有 DNA 和肿瘤 DNA 进行排序的人。他得到包括所有基因的数据文档，医生根据分析结果按需下药，帮助乔布斯延长了好几年的寿命。

除此之外，还有其他很多的大数据应用案例，随着技术的不断发展，未来会有更多的大数据应用出现。

6.5.4 大数据技术的发展趋势

1. 技术应用平民化

大数据技术应用平民化的代表就是数据可视化，数据可视化技术从存储空间中将关键信息进行提取，通过图像、图形的形式将这些信息更直观地表达出来，从而帮助人们更好地理解、挖掘大数据下隐藏的信息。数据可视化技术使得普通人群也可以直观地看出大数据的价值，推动大数据应用的平民化。

2. 与云计算关系越来越密切

大数据正朝着智能化的方向发展，涉及让机器用人的思维去思考，理解人类的行为模式，并对未来进行预测，这些智能化的实现都离不开云计算。云计算是一种基于互联网的计算方式，其计算效率高、速度快、成本低，不需要人们掌握专业的技术知识就可以使用，具有很强的灵活性。目前，很多大数据技术都已和云计算紧密结合。

3. 与物联网的紧密结合

随着智能交通、智能家居、智能物流、智慧景区等应用的兴起，物联网已成为未来经济的新增长点。物联网应用中会有海量的数据需要处理，和大数据结合是必然的趋势。

模块小结

新一代信息技术是以人工智能、量子信息、移动通信、物联网、区块链、大数据等为代表的新兴技术，是当今世界创新最活跃、渗透性最强、影响力最广的领域，正在全球范围内引发新一轮的科技革命。

人工智能能创造出像人类一样思考的机器。量子信息是关于量子系统"状态"所带有的物理信息，其研究通过发挥量子系统的各种相干特性的强大作用，探索以全新的方式进行计算、编码和信息传输的可能性。移动通信是进行无线通信的现代化技术，这种技术是电子计算机与移动互联网发展的重要成果之一。物联网是在互联网基础上的延伸和扩展，它将各种信息传感设备与网络结合起来，实现在任何时间、任何地点，人、机、物的互联互通。区块链是一种由多方共同维护，使用密码学保证传输和访问安全，能够实现数据一致存储、难以篡改、防止抵赖的记账技术，也称为分布式账本技术，其特点是保密性强、不可篡改和去中心化。大数据是指无法在一定时间范围内用常规软件工具进行捕捉、管理和处理的数据集合。大数据技术是指从各种各样类型的数据中，快速获得有价值的信息的能力。

课后练习

一、选择题

1. "新一代信息技术"是国务院确定的 7 个战略性新兴产业之一，是以（　　）、量子信息、移动通信、物联网、区块链等为代表的新兴技术。

    A. 人工智能　　　　B. 新能源汽车　　　C. 导航系统　　　　D. 移动支付

2. 人工智能的英文简写为（　　）。

    A. IP　　　　　　　B. AP　　　　　　　C. AI　　　　　　　D. IT

3. 人脸识别技术水平在 20 世纪 80 年代得到不断提高，在 20 世纪 90 年代后期，人脸识别技术进入（　　）。

    A. 初级应用阶段　　B. 中级应用阶段　　C. 高级应用阶段　　D. 普及应用阶段

4. 人工智能技术的发展可以分为 3 个阶段：计算智能、感知智能和（　　）。

    A. 认识智能　　　　B. 高级智能　　　　C. 生命智能　　　　D. 多无智能

5. 1G 是基于（　　）传输的，其特点是业务量小、质量差、安全性差、没有加密和速度慢。

    A. 模拟   B. 数字   C. 电磁波   D. 微波

6. 5G 网络的主要优势在于，数据传输速率远远高于以前的蜂窝网络，另一个优点是（　　）。

    A. 较低的电磁辐射   B. 较低的通信距离

    C. 较低的网络延迟   D. 较低的穿墙能力

7. 一个完整的物联网系统包括 4 个组成部分：传感器 / 设备、连接网络、数据处理和（　　）。

    A. 输入设备   B. 用户界面   C. 输出设备   D. 运动反馈

8. 物联网即"万物相连的互联网"，其简称为（　　）。

    A. InT   B. IoT   C. SoT   D. InU

9. 智能零售分为 3 种不同的形式，即远场零售、中场零售、近场零售，三者分别以（　　）和商场、超市和便利店、自动售货机为代表。

    A. 电商   B. 外卖   C. 快递   D. 移动支付

10. 近几年来，物联网与产业应用融合加快，已由碎片化应用、闭环式发展进入跨界融合、集成创新和（　　）的新阶段。

    A. 渐进式发展   B. 突变式发展   C. 跳跃式发展   D. 规模化发展

11. "区块链"是一种由多方共同维护，使用密码学保证传输和访问安全，能够实现数据一致存储、（　　）、防止抵赖的记账技术。

    A. 难以篡改   B. 难以复制   C. 难以删除   D. 难以查看

12. 从定义及特性可以看出，区块链是一种保密性强、难以篡改、（　　）的技术。

    A. 去中心化   B. 高可靠性   C. 低成本   D. 绿色环保

13. 随着技术与应用的不断发展，区块链由最初狭义的"去中心化分布式验证网络"，衍生出了 3 种特性不同的类型，按照实现方式不同，可以分为公有链、（　　）和私有链。

    A. 混合链   B. 联盟链   C. 数据链   D. 信息链

14. 私有链即私有区块链——完全为一个商业实体所有的区块链，其链上所有成员都需要将数据提交给一个（　　）来处理。

    A. 中心机构   B. 权威机构   C. 信任机构   D. 服务机构

15. 就目前的技术而言，要成为大数据，存储至少要达到（　　）级别。

    A. TB   B. GB   C. MB   D. KB

16. 大数据不仅仅是技术，关键是（　　）。

    A. 产生价值   B. 保障信息安全   C. 提高生产力   D. 丰富人们的生活

17. 进行多次图灵测试后，如果有超过（　　）的测试者不能确定出被测试者是人还是机器，那么这台机器就通过了测试。

    A. 10%   B. 20%   C. 30%   D. 40%

18. 20 世纪 50 年代中期，世界上最早的启发式程序"逻辑理论家"证明了数学名著（　　）

中的 38 个定理。

      A.《数学原理》   B.《数论导引》   C.《九章算术》   D.《周髀算经》

二、简答题

1. 简述大数据的特点。

2. 简述机器学习的定义。

3. 简述物联网的概念和特征。

三、操作题

使用手机智能应用市场下载、安装和使用 App。使用该 App 可以把手机拍摄的照片中的文字提取出来并保存在文本文件中。